U0227416

农业农村固体废弃物和废水处理技术

王艳芹　付龙云　张　燕　刘兆东◎主　著
刘　雷　孙　逊　陆　敏◎副主著

科学技术文献出版社
SCIENTIFIC AND TECHNICAL DOCUMENTATION PRESS
·北京·

图书在版编目（CIP）数据

农业农村固体废弃物和废水处理技术 / 王艳芹等主著. -- 北京 : 科学技术文献出版社, 2024. 3. -- ISBN 978-7-5235-1707-9

Ⅰ. X710. 5; X703

中国国家版本馆 CIP 数据核字第 2024CX8166 号

农业农村固体废弃物和废水处理技术

策划编辑: 钱一梦　责任编辑: 李晓晨　公　雪　责任校对: 王瑞瑞　责任出版: 张志平

出　版　者	科学技术文献出版社
地　　　址	北京市复兴路15号　　邮编　100038
编　务　部	（010）58882938，58882087（传真）
发　行　部	（010）58882868，58882870（传真）
邮　购　部	（010）58882873
官方网址	www.stdp.com.cn
发　行　者	科学技术文献出版社发行　全国各地新华书店经销
印　刷　者	北京厚诚则铭印刷科技有限公司
版　　　次	2024 年 3 月第 1 版　2024 年 3 月第 1 次印刷
开　　　本	710×1000　1/16
字　　　数	136千
印　　　张	9.75
书　　　号	ISBN 978-7-5235-1707-9
定　　　价	40.00元

著者名单

主　著：王艳芹　付龙云　张　燕　刘兆东

副主著：刘　雷　孙　逊　陆　敏

参　著：李　彦　袁长波　薄录吉　井永苹

　　　　张英鹏　仲子文　戴凤宾　姚元涛

　　　　李光杰　齐煜蒙　胡成昌　张志军

　　　　韩　咏　宋孝红　于金山　袁悦强

　　　　来寿鑫　闫茂鲁

序

农业农村地区不仅是粮食生产的核心区域,也是大量固体废弃物和废水产生的源头。随着农业现代化进程的加速,农业农村固体废弃物和废水的处理问题日益凸显,给生态环境带来了沉重的压力。如何高效地处理这些废弃物和废水,不仅关系到农村生态环境的可持续发展,更影响到整个农业产业链的健康发展。因此,探索和推广先进的废弃物和废水处理技术,已成为当前农业和农村环境治理的迫切需求。

农业农村固体废弃物涵盖了畜禽粪便、农作物秸秆、生活垃圾等多种类型,若不能妥善处理,不仅浪费资源,还会占用大量土地资源,污染土壤、水体、大气,对农村的生态环境和居民的健康造成严重威胁。例如,畜禽粪便若未经处理直接排放,其中的氮、磷等污染物会导致水体富营养化,影响周边水域的生态平衡。此外,废旧农膜、农药包装等难以降解的废弃物长期滞留于田间地头,也会对土壤结构和生态系统造成破坏。在废水方面,农村生活污水由于缺乏完善的收集和处理系统,往往直接排放到周边环境中,导致水体污染和土壤质量下降;畜禽养殖废水含有高浓度的有机物、氮、磷等污染物,如果不加以有效处理,就会对周边的河流、湖泊等造成严重污染;农田灌溉废水可能携带农药、化肥等残留物质,若排入自然水体,同样会对水生态系统造成负面影响。

面对上述问题,必须积极探索和应用有效的处理技术,这不仅是实现农业可持续发展的关键,更是建设美丽乡村、推动生态文明建设的必然要求。在固体废弃物处理方面,资源化利用是一条重要的途径。厌氧发酵将畜禽粪便等有机废弃物在厌氧条件下转化为沼气、沼液和沼渣。沼气可作为清洁能源用于农村居民的生活和生产,减少对传统能源的依赖;沼液和沼渣富含氮、磷、钾等营养元素，是优质的有机肥料。在一些农村地区，通过建设沼气池，实现了废弃物的能源化利用和污染治理的双重目标，为农村能源结构的优化和生态环境的改善做出了积极贡献。

为了推动农业农村固体废弃物和废水处理技术的广泛应用，需要政府、企业、科研机构和社会各界的共同努力。政府应加大对农村环保事业的投入，制定和完善相关政策法规，引导和鼓励社会资本参与农村环境治理；企业要加强技术研发和创新，降低处理技术的成本，提高技术的适用性和可靠性；科研机构要深入开展产学研合作，加强对农民和相关从业者的技术培训和指导，提高他们的环保意识和技术水平；社会各界要积极参与农村环境治理，形成全社会共同关心和支持农村环保事业的良好氛围。

本书旨在系统地介绍农业农村固体废弃物和废水处理的相关技术，帮助读者了解农业农村固体废弃物和废水处理技术，为从事农业生产、农村环境保护的工作者及广大关心农村发展的读者提供有益的参考。展望未来，农业农村固体废弃物和废水处理技术将不断创新和完善，能够让农村的天更蓝、水更清、土地更肥沃，让其成为美丽中国建设中的亮丽风景。

目 录

第1章 绪 论 1

1.1 农业农村废弃物概况 1

1.2 农业农村废弃物的环境危害 3

1.3 农业农村废弃物资源化利用途径 4

第2章 农业农村固体废弃物厌氧发酵技术 8

2.1 厌氧发酵基础知识 8

2.2 厌氧发酵基本原理 12

2.3 厌氧发酵工艺技术 13

第3章 农村生活污水和养殖废水处理技术 18

3.1 砂生物滤池系统处理农村生活污水试验研究 18

3.2 粉煤灰分子筛强化砂生物滤池处理农村生活污水试验研究 25

3.3 生物巢厌氧反应器处理奶牛养殖废水效果研究 36

第4章 厌氧发酵产沼气性能的影响因素 51

4.1 原料风干程度对产沼气性能的影响 51

4.2 原料预处理对产沼气性能的影响 65

4.3 发酵接种比对产沼气性能的影响 77

第5章 农村固体废弃物厌氧发酵技术 92

5.1 农村有机生活垃圾厌氧发酵产沼气性能 92

5.2 农村畜禽粪便与尾菜厌氧发酵产沼气性能 103

5.3 农村玉米秸秆厌氧发酵产沼气性能 120

第6章 区块链技术在农村沼气发展中的应用前景 133

6.1 农村沼气发展的瓶颈问题 134

6.2 区块链技术的概念和特点 137

6.3 区块链技术的应用与发展 138

6.4 区块链技术在农村沼气领域应用的可行性 140

6.5 区块链技术在农村沼气领域的应用方式 142

第 1 章

绪　论

1.1　农业农村废弃物概况

在我国，农村区域占国土面积的 90%，农民占全国人口的 70%。在农业农村的生产活动中，通常会伴随着大量的废弃物产生，如农田和果园残留物（作物秸秆、林果残枝、蔬菜尾菜等）、禽畜粪便和厨余垃圾等。如果这些废弃物在未经有效处理的情况下便排放到自然环境中，势必会对生态环境产生较大程度的不利影响，从而引发各类环境问题；同时会浪费一些可以回收再利用的废弃物，从而造成不必要的生态资源消耗。2005 年我国修订的《中华人民共和国固体废弃物污染环境防治法》第一次将农村生活垃圾纳入公共管理范围；2007 年国务院办公厅转发环保总局等部门《关于加强农村环境保护工作意见的通知》，其中指出要因地制宜开展农村垃圾污染治理；生态环境部与财政部于 2009 年印发的《中央农村环境保护专项资金管理暂行办法》中规定"以奖促治"制度，旨在鼓励我国农村开展环境综合整治；2010 年，中央一号文件要求"搞好垃圾、污水处理，改善农村人居环境"；2013 年，《中华人民共和国农业法》中提出要加强对农村环境的保护，这为地方政府制定农业环境保护法规提供了法律依据；"十三五"期间，农村环保依旧被作为生态环境部的工作重点。"十三五"规划纲要中也对农村环境保护有明确的要求，我国要对 13 万个村庄进行农村环境整治，进一步改善农村的人居环境。相比于城市生活垃圾的集中收集转运处理，农业农村废弃物具有排放不规律、范围广与外部性强等特点。

我国作为农业生产大国，每年有大量的农业废弃物产生，农业废弃物的处理需求极大。目前，我国已相继出台多部规划和指导意见推动农业废弃物资源的高效利用，并进一步加大了政策支持及财政支持的力度。农业废弃物综合利用率已成为我国乡村振兴评价指标体系构建的主要指标之一。

1.1.1 畜禽粪便

自 20 世纪 90 年代以来，畜牧业养殖规模逐步扩大，集约化、产业化程度越来越高。随着集约化畜禽养殖业快速发展，畜禽养殖规模化程度提升，畜禽粪污产生量逐渐增大，环境污染成为畜禽养殖业发展的重要制约因素。从统计数据来看，2022 年我国生猪出栏 69 995 万头、肉牛出栏 4840 万头、羊出栏 33 624 万只、家禽出栏 161.4 亿只，按照一定粪便排放量为计算单位，全国畜禽粪便量高达 18.88 亿 t。加之因粪便冲洗清理、病死牲畜处理等造成的残留物、污染物的数量极其庞大。畜牧业养殖的污染物会经过物质循环进入土壤，导致土壤污染和农作物减产，畜禽污染物中的硝态氮和土壤性病原菌会威胁人类健康。同时，畜禽粪便中含有大量的养分，可以替代大量化学肥料并改善土壤理化性质。由于受经济效益和技术普及的限制，许多养殖场并未对畜禽废弃物进行合理处理而直接外排，造成资源浪费和环境污染。因此，我们必须采取有效措施来控制污染，以保护人类健康和良好的环境。

1.1.2 农作物秸秆

秸秆是成熟农作物收获籽粒后的部分，其富含有机质和氮、磷、钾、钙等多种微量元素，是一种农业可再生农副产品。近年来，我国粮食生产连年丰收，粮食产量连续 7 年达到 6.5 亿 t，截至 2022 年我国粮食产量达到 6.87 亿 t。据统计，截至 2021 年我国秸秆可收集资源量为 7.34 亿 t，2011—2021 年年均复合增长率（CAGR）为 0.46%。秸秆是一种可再生的绿色生物资源，不仅可以作为农村居民的生活燃料、牲畜饲料和有机肥料，而且能被各种工业制造广泛利用，近年来我国秸秆综合利用量不断增长，截至 2021 年我国秸秆综合利用量为 6.47 亿 t，综合利用率达 88.1%，较 2011 年增长 15.6 个百分点。其中，秸秆饲料化占比 20.2%，基料化与原料化占比 1.9%，食用菌基料领域占比 2.28%，燃料领域占比 9.31%，还田及其他占比 66.31%。

1.1.3 农村生活垃圾

过去我国农村的生活垃圾类型单一，随着农民消费水平与生活方式的转变，农村垃圾逐渐向复杂化、有害化转变，生活垃圾中的无机物含量逐渐降低，而厨余垃圾等有机物含量则在持续增长。有机类垃圾占垃圾总量的38.44%，无机类垃圾占 41.16%，而有机类垃圾主要是厨余垃圾，包括剩菜剩饭、油污垢、动植物去除物等。厨余垃圾含水量高、有机物含量丰富，极易降解腐败的特性使其具有一定的污染性。而我国农村多不加处理便将厨余垃圾饲喂生猪等畜禽，易造成畜禽疫病进而引起人畜之间的交叉感染。

生活垃圾包括厨房废弃物（尾菜、煤灰、蛋壳、废弃的食品）、废塑料、废纸、碎玻璃、碎陶瓷、废纤维、废电池及其他废弃的生活用品等，组成十分复杂。农村和乡镇生活垃圾在组分和性质上基本与城市生活垃圾相似，只是在组成的比例上有一定区别，有机物含量多、水分大，同时掺杂化肥、农药等与农业生产有关的废弃物。

1.2　农业农村废弃物的环境危害

1.2.1　侵占土地、损害地表

由于我国农业农村废弃物产生量大，且难降解成分居多。农村垃圾处理主要采取就地堆放、填埋、焚烧等方式，因此很多垃圾就会占用大面积土地，滋生细菌、蚊子、苍蝇等，破坏地表植被，影响工农业生产，不利于农村经济的可持续发展。

1.2.2　污染土壤、水体、大气

固体废弃物及其渗滤液中所含的有害物质会改变土壤的性质和结构，对

农作物、植物生长产生不利影响。固体废弃物在风和水流等外力的作用下汇入河流，将使水质直接受到污染，严重危害生物的生存条件和水资源的利用。堆积的固体废弃物经过雨水的浸渍和废弃物本身的分解，以及其渗滤液和有害化学物质的迁移和转化，将对河流及地下水系造成污染。粪便对水体的污染包括生物病原菌污染，以水为媒介，特别是饮用水，传播疾病和寄生虫病，如痢疾、霍乱等。固体废弃物在焚烧过程中会产生粉尘、酸性气体和二噁英等。此外，垃圾有机物分解过程中会产生恶臭，并向大气释放出大量的氨、硫化物等污染物，形成局部性空气污染。

1.2.3 严重破坏农村生态环境、危害人体健康

农村垃圾中具有持久性的有机污物在环境中难以降解，这类废弃物进入水体或土壤中，会严重影响当代人和后代人的健康，对生态环境造成长期的不可估量的影响。固体废弃物中所含有的有毒物质和病原体，可以通过各种渠道传播疾病，甚至造成大多数地区蚊蝇滋生，为细菌滋生提供了条件，进而威胁人们的健康。恶臭对人体健康有危害，会导致人体产生呼吸变慢、肺活量减少、食欲不振等症状，严重时会导致呼吸困难，进而影响代谢功能，降低机体抵抗力和免疫力。

1.3 农业农村废弃物资源化利用途径

农业农村废弃物如果得不到有效处理，就会对周边环境造成一定程度的污染，久而久之便会引发一系列的环境问题，对农村居民的生产生活及农村经济发展带来一定程度的不利影响。由国家市场监督管理总局、国家标准化管理委员会于 2015 年共同发布的《美丽乡村建设指南》中针对农业农村固体废弃物污染控制和资源综合利用，明确指出，在农村，农药瓶、废弃塑料薄膜、育秧盘等农业生产废弃物要及时处理，要求农膜回收率 ≥ 80%、农作物秸秆综合利用率 ≥ 70%、畜禽粪便综合利用率 ≥ 80%、病死畜禽无害化处

理率达 100%、生活垃圾无害化处理率 ≥ 80%。废弃物资源化利用主要分为
3 个环节：一是废弃物收集环节；二是废弃物处理环节；三是废弃物应用环
节。以此为基础，构建生态循环体模式。21 世纪以来，我国农业农村废弃物
治理、生态环境建设探索出许多新的模式与路径，包括农地适度规模化下农
业废弃物就地工厂化制肥技艺、农作物秸秆"五料"化综合利用、"种养结合，
沼肥一体"的农业废弃物能源肥源循环转化、农村特色经济作物秸秆的快速
降解处理。通过这些方式，不仅可以有效降低农业农村废弃物对环境的不利
影响，还可以使其回收再利用价值得到最大限度的发挥，在满足区域农业农
村生产需求的同时进一步提升其经济效益，促进区域农村经济与环境的协调
可持续发展。

1.3.1　能源化

农业废弃物中的生物质能是农村能源的重要组成部分，其能源化的主要
技术模式包括生态农业模式和秸秆新型能源化模式。生态农业模式主要以沼
气生产为核心，主要包括北方"四位一体"模式、南方"三位一体"模式、"三化"
型社区社会经济综合生态经济模式等。秸秆新型能源化模式主要包括秸秆气
化、秸秆发电（直燃发电和气化发电）、秸秆热电联产、秸秆的固化、炭化、
液化，生产出中质煤和生物质燃料技术。

1.3.2　肥料化

农业废弃物肥料化，主要包括生产堆肥、液体肥料、有机生物肥、有机复
合肥。秸秆和畜禽粪便通过堆肥成为农业肥料后，其液体经安全处理后可制成
液体肥料。堆肥处理后，沼气池中的固体残渣经处理后可制成有机肥。

畜禽污染物（粪便、粪水和污水）集中收集后，也可以通过氧化塘储存
发酵，氧化塘分为敞开式好氧发酵和覆膜式厌氧发酵两类，粪污在氧化塘中
经过一段时间的发酵之后进行储存。在农田施肥和灌溉期间，将无害化处理
的粪水与灌溉用水按照一定比例混合，进行水肥一体化施用。这种畜禽粪污
处理方式的优势在于粪水进行氧化塘无害化处理后，可以为农田提供有机肥

水资源，解决粪水处理压力。但是无论在发酵阶段、氧化塘发酵储存阶段还是水肥一体化施用阶段，都需要消耗大量的土地作为配套支撑，并且需配套建设粪水输送管网或购置粪水运输车辆。此外，对于远距离的粪水运输，运输费用高、污染道路，所以这种方式仅适合在一定范围内使用。

农业废弃物的肥料化也包括秸秆直接还田，通过机械粉碎和翻压，使秸秆进入土壤中，在土壤微生物的作用下分解生成有机物。秸秆直接还田具有增加土壤有机质和养分含量；改善土壤物理性状；提高土壤的生物活性；农作物增产、增益；保护生态环境等功能。机械化秸秆还田具有抢农时、抢积温、保墒情、生产效率高等优点，但同时存在加大农田土传病虫害的风险，以及因秸秆未能及时腐熟而影响后茬作物生长的弊端。

1.3.3 饲料化

秸秆大多可直接作为饲料应用，也可通过化学物质来处理秸秆，在打破秸秆营养物质障碍的同时，提高畜禽对秸秆的利用率。根据所用化学物质不同，分为碱化处理；氨化处理；青贮技术；微贮与生物秸秆饲料加工技术；压块加工饲料技术；揉搓、丝化加工技术和秸秆热喷处理。目前，我国秸秆饲用量约为 1.6 亿 t，相当于 55 亿亩天然草地的产草量，其相应的养殖量约为 4.67 亿只羊单位，占我国草食畜养殖总量的 3/4 左右。

畜禽养殖过程中的干清粪与蚯蚓、蝇蛆及黑水虻等动物蛋白进行堆肥发酵，发酵后的蚯蚓、蝇蛆及黑水虻等动物蛋白用于制作饲料等。这种畜禽粪污处理方式改变了传统利用微生物进行粪便处理的理念，可以实现集约化管理，成本低、资源化效率高，无二次排放及污染，实现生态养殖。

1.3.4 材料化

秸秆可生产纸板、人造纤维板、轻质建材板等包装和建筑装饰复合材料。以硅酸盐水泥为基体材料，玉米秆、麦秆等农业废弃物经表面处理剂处理后作为增强材料，再加入粉煤灰等填充料后可制成植物纤维水泥复合板，产品成本低，保温、隔音性能好；以石膏为基体材料，农业植物纤维性废弃物为增强材料，可生产出植物纤维增强石膏板，产品具有吸音、隔热、透气等特性，是一种较好的装饰材料。

1.3.5　其他用途

随着农业废弃物利用研究深入，越来越多的新技术被开发出来。例如，日本研究开发了利用水稻秸秆生产四氯化硅的制备方法；生产木质素黏合剂的原材料主要是农作物秸秆，抽提木质素成分和甲醛接链反应制取黏合剂。利用畜禽粪污、蘑菇菌渣、农作物秸秆三者结合，生产基质盘和基质土应用于栽培水果蔬菜等经济作物。基于奶牛粪便纤维素含量高、质地松软、含水量少的特点，先将奶牛粪污固液分离，然后对固体粪便进行高温好氧堆肥发酵，发酵完成的牛粪就可以作为牛床垫料使用，污水贮存后也可以作为肥料进行农田利用。畜禽粪便经过搅拌后脱水加工，进行挤压造粒，生产生物质燃料。作为替代燃煤生产用燃料，成本比燃煤价格低，减少 CO_2 和二氧化硫排放量，但是粪便脱水干燥能耗较高，后期维护费用更为高昂。

第2章

农业农村固体废弃物厌氧发酵技术

为改善我国现有的能源结构、满足经济发展对能源的需求、减少环境污染,发展可再生能源势在必行。众多可再生能源中,生物质可转化成气态、液态、固态燃料及其他化工原料和产品,生物质是唯一可替代化石能源的碳资源。生物质能源的发展是解决中国能源问题的战略性选择。

沼气发酵已成为一种成熟的生物质能源利用技术,是实现循环农业良性循环的核心技术,在循环农业和废弃物的处理中起到回收能量和物质的作用。沼气发酵最大的优点是在有机物降解过程中,将可作为燃料的碳、氢两种元素和可作为肥料的氮、磷、钾及微量元素相分离,既是一个生产清洁能源的过程,也是一个生产优质有机肥料的过程。沼气技术使生物质资源得到高效、合理地利用,而且对改善生态环境有重要意义。

2.1 厌氧发酵基础知识

厌氧发酵是指无氧环境中,有机物在多种专性及兼性厌氧菌协同共生作用下逐级降解,生成以甲烷(50%～70%)和 CO_2(30%～50%)为主要成分的混合气体的过程。这一过程中有机物主要转化为甲烷、CO_2 和细胞物质,有机物中的氮素降解成氨。厌氧消化甲烷化是在上百种厌氧菌共同作用下由连续或互作的生化反应组成的复杂过程。这些厌氧菌对 pH 值、氢分压等环境因子的敏感性及生长周期等均不同。与需氧呼吸相比,厌氧发酵产生的能量较少,但是在一些情况下,厌氧发酵可以产生特定的有机物质,并有利于环境治理和能源利用。

厌氧发酵被认为是降解有机物质最有效的处理方法之一。它是一个复杂的生物转化过程，涉及的微生物种类繁多、数量庞大，各种类群的微生物按照各自的生长条件起着不同的物质分解与转化作用，厌氧发酵的工艺条件设置和调控就是为各类微生物提供适宜的生长条件。首先，发酵性细菌分泌胞外细胞酶将复杂的、不溶性大分子有机物质分解为小分子物质，如碳水化合物、脂肪及蛋白质在发酵性细菌的分解作用下变成小分子的可溶性物质（如葡萄糖、氨基酸、甘油等），再在发酵性细菌内将这些小分子物质进一步转变为丙酸（propanoic acid，PA）、丁酸（butyric acid，BA）、戊酸等挥发性脂肪酸（volatile fatty acids，VFAs）。发酵性细菌主要分为兼性厌氧菌和专性厌氧菌，主要包括梭状芽孢杆菌、拟杆菌、双歧杆菌、棒状杆菌、乳酸菌及大肠杆菌等。水解过程通常较缓慢，是高分子有机物或固体悬浮物（SS）厌氧降解的限速步骤。其次，产氢产乙酸菌将丙酸、丁酸等 VFAs 转变为乙酸（acetic acid，AA），在这个过程中同时伴随有 H_2 和 CO_2 的产生，产氢产乙酸菌主要有沃林互营杆菌和沃尔夫互营单胞菌等，同时产乙酸过程也有耗氢产乙酸菌的参与，该类细菌主要包括伍德乙酸杆菌、威林格乙酸杆菌等，耗氢产乙酸菌在保证厌氧发酵系统较低氢分压方面有一定作用。最后，在产甲烷菌的作用下，乙酸、H_2、CO_2、甲酸和甲醇等被转化为甲烷和 CO_2，参与该过程的古菌主要有甲烷八叠球菌、甲烷丝菌、甲烷杆菌、甲烷球菌和甲烷微球菌等。上述 3 个阶段的反应速度因原料性质而异，在以纤维素、半纤维素、果胶和脂类为主的原料中，液化易成为限速步骤。简单的糖类、淀粉、氨基酸和一般的蛋白质均能被微生物迅速分解，以这类有机物为主的原料，产甲烷阶段易成为限速步骤。

厌氧发酵过程是通过不同厌氧微生物的共同作用完成的，微生物的正常代谢活动都需要一定的环境条件，主要有温度、碳氮比、接种物、总固体（total soild，TS）浓度、混合均匀度、pH 值、碱度（alkalinity，ALK）等。

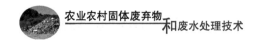

2.1.1 发酵温度

在所有环境因素下，温度是影响厌氧发酵的最重要因素。微生物只有在适宜的温度下才能生存并进行一系列的代谢活动。相关研究表明，在 10～60 ℃，厌氧细菌均能进行代谢活动产生沼气，在此温度范围内，温度越高，微生物的代谢活动越旺盛，产气速率和产气量就越高。厌氧发酵根据所定的温度范围可以分为 3 种类型，即低温发酵、中温发酵和高温发酵。一般情况下，后两种类型的发酵应用较多。高温条件下进行发酵，其产甲烷菌种类要明显少于中温或低温发酵，因此高温发酵过程对温度变化更为敏感，在温度变化 ±3 ℃范围内波动，高温厌氧发酵的产甲烷率不会有太大变化。

2.1.2 原料的碳氮比

秸秆碳多氮少，碳氮比大，是"富碳原料"。而粪便氮多碳少，碳氮比小，是"富氮原料"。合成细胞的碳源主要担负为产气过程提供能量和为合成细胞提供原料两项任务。从营养学的角度看，要求碳氮比达到 20∶1～30∶1。如果碳氮比失调，就会使微生物的代谢活动受到影响，从而影响厌氧发酵的正常进行。碳氮比过高，会使系统缓冲能力下降，pH 值降低；碳氮比过低，易造成铵盐累积，抑制厌氧发酵的进行。

2.1.3 接种物

用于厌氧发酵的原料在接种了含有厌氧发酵细菌的接种物后，才能被厌氧菌利用生成沼气。添加适宜的接种物能使厌氧发酵快速稳定地进行，当添加量少时，厌氧微生物菌群的繁殖较慢，启动时间长，易造成酸累积，使厌氧发酵失败。因此，加大接种量可以有效防止酸积累，保证厌氧发酵正常有序地进行。

2.1.4 固体浓度

水是生命之源，微生物的生长和繁殖也需要适当的水分。如果发酵料液中原料过多，含水量过少，则不利于厌氧微生物的正常代谢活动，原料分解较难，易造成脂肪酸的累积，使发酵过程受到抑制；如果发酵料液原料较少，水分过多，则可供厌氧微生物利用的营养会不足，产气量较低。因此，发酵料液必须保持适宜的 TS 浓度。研究证明，发酵料液的 TS 浓度在 10% 左右为佳。不同季节也有不同的 TS 浓度，在高温季节 TS 浓度在 6%～8% 为宜，在低温季节 TS 浓度在 10%～12% 为宜。

2.1.5　混合均匀度

沼气发酵是由细菌的酶与原料进行反应，必须使两者充分混合才能保证发酵正常进行。搅拌可以使发酵原料与微生物充分接触，加快反应速率，提高产气量。另外，搅拌能将池中的浮渣层打碎，使原料与细菌均匀混合。根据发酵料液 TS 浓度的不同，搅拌可以分为机械搅拌、气搅拌和液搅拌 3 种。

2.1.6　pH 值与酸碱度

发酵料液的酸度通常由发酵料液的 VFAs 含量决定，碱度通常由发酵料液中的氨态氮含量决定。发酵料液的 pH 值在 6～8 时都可正常发酵产气，当 pH 值过高或过低时，厌氧细菌的活性受到抑制，影响发酵的正常进行。碱度可以中和发酵系统内的过酸过碱物质，保持发酵系统的动态平衡。研究证明，碱度应保持在 2000 mg/L 以上才有足够的缓冲能力，防止过酸过碱的物质对厌氧菌的活性产生抑制。

2.1.7　氨氮浓度

除温度对产甲烷菌群影响较为显著外，另一个甲烷菌群极为敏感的就是氨氮（NH_3–N）浓度。尤其是未离子化的 NH_3 对甲烷菌群的抑制作用最强。当发酵液中未离子化的氨氮的浓度超过 80 mg/L，就开始对产甲烷菌群有抑制作用。此外，氨氮对产甲烷菌群的毒性随温度升高而增强。当系统内的产甲烷菌受到氨氮抑制，活力开始下降，系统的有机酸逐渐开始累积，致使发酵液 pH 值下降，增大体系酸败风险。

2.1.8 微量元素

在厌氧发酵过程中微生物菌群的生长繁殖离不开微量元素。铁、镍、钴、硒和钨等微量元素对微生物的生长同样重要，如在农作物秸秆单独为底物进行厌氧发酵时，适量添加以上微量元素能够有效地提升甲烷产率。几乎所有微生物细菌的生长都离不开镍元素，因为它被用于合成参与甲烷发酵的细胞成分——辅酶 F430。其他微量元素也都在各自的岗位上发挥重要的作用。微量元素的需求浓度通常很低，在 0.05 ~ 0.06 mg/L。唯一不同的是铁元素，它的需求浓度比较高，在 1 ~ 10 mg/L。因此，在厌氧发酵过程中，根据发酵原料的自身理化特性，添加必要的微量元素是很有必要的。

2.2 厌氧发酵基本原理

厌氧发酵的主要原理是微生物在缺氧的环境下，通过厌氧呼吸将有机物转化为酒精、乳酸（lactic acid，LA）、醋酸、氨和甲烷等产物。这个过程是通过微生物消耗有机物质来产生能量，并在没有氧气的情况下进行代谢。在厌氧发酵过程的各种学说当中，认可度最高的是由 M. P. Bryant 于 1967 年提出的四阶段理论。该理论将厌氧发酵过程分为 4 个阶段，即水解阶段、产酸阶段、产氢产乙酸阶段和产甲烷阶段。

2.2.1 水解阶段

大分子非可溶性有机聚合物因不能通过细胞膜而不能被细菌利用，需要在发酵细菌分泌的胞外酶作用下分解成可溶性简单化合物，如糖类、氨基酸、多元醇、长链脂肪酸等，以便透过细胞膜被菌体利用，这一过程称为水解。参与水解阶段的微生物主要为梭状芽孢杆菌（clostridia）等严格厌氧水解菌、兼性厌氧菌及原生动物、真菌等。当发酵原料为木质纤维素等结构复杂难降解的物质时，水解阶段被认为是产甲烷过程的限速步骤。水解的速率和程度受温度、组成成分、pH 值、产物（如 VFAs）浓度、有机质在反应器中的停留时间等因素的影响。

2.2.2　产酸阶段

水解阶段产生的小分子有机物在发酵细菌胞内进一步降解生成以挥发有机酸为主的末端产物并分泌到胞外，这一步被称作产酸。这是一个有机化合物既作电子受体也作电子供体的生物降解过程。梭状芽孢杆菌属（*clostridium*）、拟杆菌属（*bacteroides*）、双歧杆菌属（*bifidobacterium*）等都是重要的产酸菌类群。各类底物在多种微生物作用下，根据发酵细菌对能量需求及氧化还原内平衡要求的不同形成不同发酵途径和终产物。

2.2.3　产氢产乙酸阶段

上一阶段酸化产物在乙酸化过程中被产乙酸菌转化为乙酸、H_2、CO_2 和新的细胞物质。只有当产乙酸过程中生成的 H_2 的分压相对较低时，产乙酸过程才能顺利进行。一般运行良好的反应器的氢分压均值为 0.1 Pa，最高值不超过 10 Pa。产乙酸菌产生的 H_2 主要被好氢产甲烷菌消耗，因此这两类菌种间存在密切的共生关系。此外，少数产乙酸菌也可利用氢作为电子供体将 CO_2 和甲醇还原为乙酸，称为同型产乙酸过程。

2.2.4　产甲烷阶段

产甲烷阶段中，乙酸、H_2、碳酸、甲酸、甲醇在产甲烷菌作用下转化为甲烷、CO_2 和新的细胞物质。自然界中约 2/3 的甲烷由乙酸转化而来，乙酸形成甲烷的途径有两种：乙酸的甲基还原为甲烷和乙酸的甲基先被氧化为 CO_2 再被 H_2 还原为甲烷。

2.3　厌氧发酵工艺技术

厌氧发酵是以畜禽粪便、农作物秸秆、生活垃圾等有机废弃物为原料，利用微生物在厌氧环境下进行的生物活动来产生沼气的工艺。根据发酵温度的不同可分为常温、中温和高温发酵；按照投料运转方式可分为连续和序批式发酵；按照发酵物料中固含量的多少可分为湿式和干式厌氧发酵；按照反应是否在同一反应器进行分为单相和两相厌氧发酵。

2.3.1 常温、中温和高温发酵

温度主要通过影响厌氧微生物细胞内某些酶的活性而影响微生物的生长速率和微生物对基质的代谢速率，从而影响厌氧生物处理工艺中污泥的产量、有机物的去除速率、反应器所能达到的处理负荷、有机物在生化反应中的流向、某些中间产物的形成、各种物质在水中的溶解度，以及沼气的产量和成分等。

常温发酵一般是物料不经过外界加热直接在自然温度下进行消化处理，发酵温度会随着季节气候昼夜变化有所波动。常温发酵工艺简单、造价低廉，但是其处理效果和产气量不稳定。

中温发酵温度在 30～40 ℃，中温发酵加热量少，发酵容器散热较少，反应和性能较为稳定，可靠性高，如果物料有较好的预处理，会提高反应速度和气体发生量；受毒性抑制物阻害作用较小，受抑制后恢复快，会有浮渣、泡沫、沉砂淤积等问题，对浮渣、泡沫、沉砂的处理是工艺难点。

高温发酵温度在 50～60 ℃，需要外界持续提供较多的热量，高温厌氧消化工艺代谢速率、有机质去除率和致病细菌的杀灭率均比中温厌氧消化工艺要高，但是高温发酵受毒性抑制物阻害作用大，受抑制后很难恢复正常，可靠性低；高温厌氧产气率比中温厌氧产气率稍有提高，提高的是杂质气体的量，沼气中有效成分甲烷的含量并没有提高，限制高温厌氧的应用；高温发酵罐体及管路需要耐高温、耐腐蚀、性能好的材料，运行复杂，技术含量高。

2.3.2 连续发酵和序批式发酵

连续发酵是从投加物料启动以后，经过一段时间发酵稳定后，每天连续定量地向发酵罐内添加新物料和排出沼渣、沼液。序批式发酵是一次性投加

物料发酵，发酵过程中不添加新物料，当发酵结束后，排出残余物再重新投加新物料发酵，一般进料固体浓度在 15%～40%。

对于处理高木质素和纤维素的物料，在动力学速率低、存在水解限制时，序批式反应器比全混式连续反应器处理效率高，且序批式发酵水解程度更高、甲烷产量更大，投资比连续式进料系统减少约 40%。虽然序批式进料处理系统占地面积比连续式进料处理系统大，但由于其设计简单、易于控制、对粗大的杂质适应能力强、投资少，适合在发展中国家推广应用。

2.3.3　湿式发酵和干式发酵

湿式发酵是以固体有机废物（固含率为 10%～15%）为原料的沼气发酵工艺。湿式发酵系统与废水处理中的污泥厌氧稳定化处理技术相似，但在实际设计中有很多问题需要考虑，特别是对于城市生活垃圾、分选去除粗糙的硬垃圾，以及将垃圾调成充分连续的浆状的预处理过程等。为达到既去除杂质，又保证有机垃圾正常处理，需要采用过滤、粉碎、筛分等复杂的处理。这些预处理过程会导致 15%～25% 的挥发性固体（volatile solid，VS）损失。浆状垃圾不能保持均匀的连续性，因为在消化过程中重物质沉降，轻物质形成浮渣层，导致反应器中形成两种明显不同密度的物质层，重物质在反应器底部聚集可能破坏搅拌器，必须通过特殊设计的水力旋流分离器或粉碎机去除。

干式发酵是以固体有机废物（固含率为 20%～30%）为原料，在没有或几乎没有自由流动的条件下进行的沼气发酵工艺，是一种新型废物循环利用方法。而干式发酵系统的难点在于：第一，生物反应在高固含率条件下进行；第二，原料物质浓度高，导致进出料困难，影响发酵过程的连续性和效率；第三，反应启动条件苛刻，在运行中存在很高的不稳定性。

与湿式发酵相比，干式发酵具有明显的优势：①干发酵总固体（total solid，TS）含量通常在 15% 以上，含水量较少，使得有机质浓度也较高，从而提高了容积产气率。②后处理容易，几乎没有废水的排放，且发酵后的剩余物中只有沼渣，可直接作为有机肥利用；产生的沼气中含硫量低，无须脱硫，可直接利用。③运行费用低，过程稳定，干发酵工艺不会存在如湿发酵中出现的浮渣、沉淀等问题。干式发酵技术受到国内外广大研究者的关注，成为厌氧发酵研究的热点。

2.3.4 单相发酵和两相发酵

单相发酵工艺是产酸菌和产甲烷菌在同一反应器中进行，会受冲击负荷或环境条件的变化的影响，导致氢分压增加，从而引起丙酸积累。两相发酵工艺，实现了生物相的分离，产酸相可有效去除大量氢，提高整个两相厌氧生物处理系统的处理效率和运行稳定性。

相对于两相发酵工艺，单相发酵工艺投资少、操作简单方便，因而当前约 70% 的发酵工艺采用的是单相发酵工艺。但是，两相发酵工艺处理城市生活垃圾有很多优点，如可以单独控制两个不同反应器的条件，以使产酸菌和产甲烷菌在各自最适宜的环境条件下生长；也可以单独控制它们的有机负荷率（OLR）、水力停留时间（HRT）等参数，提高微生物数量和活性，从而缩减水力停留时间，提高系统的处理效率。

两相发酵工艺目前的研究多集中在如何将高效厌氧反应器和两相发酵工艺有机结合，两相发酵工艺的反应器可以采用任何一种厌氧生物反应器，如厌氧接触反应器、厌氧生物滤器、上流式厌氧污泥床反应器（UASB）、厌氧膨胀颗粒污泥床（EGSB）、厌氧过滤床反应器（UBF）、厌氧折流板反应器（ABR）或其他厌氧生物反应器，产酸相和产甲烷相所采用的反应器形式可以相同，也可以不同。

参考文献

[1] 韩成吉，王国刚，朱立志 . 畜禽粪污土地承载力系统动力学模型及情景仿真 [J]. 农业工程学报，2019，35（22）：11.

[2] 李靖，邢向欣，裴海林，等 . 干清牛粪半干式沼气发酵工艺研究 [J]. 中国沼气，2022（4）：40.

[3] 李坤 . 高氮原料厌氧发酵制取沼气的氨抑制调控方法及微生物学机理研究 [D].

上海：上海交通大学，2018.

　　[4] 李艳，任雅楠，王晨星，等 . 畜禽粪污对生态环境的影响及综合治理措施 [J]. 今日畜牧兽医，2024，40（1）：56-58.

　　[5] 罗娟，赵立欣，姚宗路，等 . 规模化养殖场畜禽粪污处理综合评价指标体系构建与应用 [J]. 农业工程学报，2020，36（17）：8.

　　[6] 罗臣乾 . 农村有机生活垃圾厌氧发酵工艺的研究 [D]. 北京：中国农业科学院，2018.

　　[7] 宋大平，左强，刘本生，等 . 农业面源污染中氮排放时空变化及其健康风险评价研究：以淮河流域为例 [J]. 农业环境科学学报，2018，37（6）：13.

　　[8] 王丽 . 基于"近零"排放养殖场粪污与稻秸混合厌氧干式发酵研究 [D]. 武汉：华中农业大学，2015.

　　[9] 王明 . 生物质组成成分对厌氧发酵产甲烷的影响 [D]. 哈尔滨：东北农业大学，2015.

　　[10]　徐山红 . 生态环境农业生态保护与资源利用 .[M]// 泗阳年鉴 . 南京：江苏人民出版社，2021.

　　[11]　智研咨询 . 2025—2031 年中国秸秆行业市场供需态势及发展趋向研判报告 [EB/OL].[2024-05-20]. https://www.chyxx.com/research/1142980.html.

第3章

农村生活污水和养殖废水处理技术

3.1 砂生物滤池系统处理农村生活污水试验研究

"十一五"规划提出了建设社会主义新农村的重大历史任务，并明确了"生产发展、生活宽裕、乡风文明、村容整洁、管理民主"的建设目标。但随着新农村建设步伐的加快，农村生活污水已经成为农村环境污染和周围水体污染的重要组成部分。当前在中国，经济相对落后的农村有 96% 以上没有排水渠道和污水处理系统，大量的生活污水未经处理直接排放，致使农村周边环境受到严重的破坏。因此，加强农村生活污水的治理，是社会主义新农村建设的重要内容，也是农村人居环境改善需要解决的迫切问题。对于人居密度高的大中型城市，因建设有排水管网设施，集中式的污水处理模式行之有效，但对于分散式的农村地区，集中式的污水处理设施建设成本和运行维护费用较高，农民很难接受，无法推广。

近年来，针对不同国家和地区农村生活污水的各自特点，研究者们先后开发了人工湿地污水处理技术、稳定塘处理技术、土壤地下渗滤处理技术。但稳定塘存在着美观视觉较差、有机物的好氧分解和氮素的硝化去除效果不好等缺点，而土壤地下渗滤处理技术对于地下水位较高的地区（如南四湖湖心岛）不容易推广。人工湿地是一种新型污水处理系统，因具有工艺简单、维护管理方便、处理效果好等优点，被广泛应用于处理农村生活污水。本试验选择普通的黄砂作为基质，研究了普通黄砂作为基质对生活污水的处理效果，为南四湖湖心岛生活污水处理技术应用奠定基础。

3.1.1　材料与方法

（1）试验进水水质

本试验主要在实验室进行，试验期间进水取自山东省农业科学院温室3户居民生活用水，试验期间进水组成和主要水质指标如表3-1、表3-2所示。

表 3-1　试验期间进水组成

生活污水来源	平均用水次数
洗菜水、刷锅水、洗碗水等厨房用水	每天3次
洗衣服水	每两天1次
洗澡水	每两天1次

表 3-2　试验期间进水主要水质指标

指标	范围	平均值
pH 值	6.6～7.6	7.1
化学需氧量（COD）/（mg/L）	426～865	581.3
总固体悬浮物（TSS）含量/（mg/L）	152～376	232.1
氨氮（NH_3-N）含量/（mg/L）	21.2～42	29.7
总磷（TP）含量/（mg/L）	6.3～13.2	8.3

（2）试验装置设计

该试验装置由沉淀池、集水池和砂生物滤池组成，整个装置为一体，中间用隔板连接，生活污水先进入沉淀池，经沉淀池沉淀后进入集水池，然后通过泵和布水管进入砂生物滤池，由水量控制开关和继电器控制进水水量和进水次数。试验装置如图3-1所示。

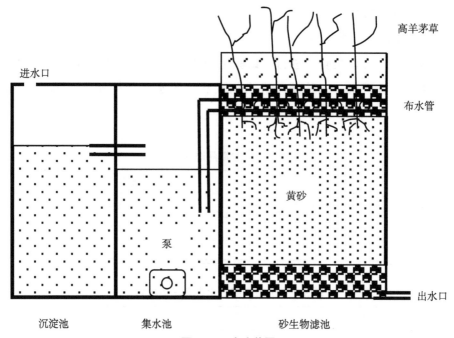

图 3-1　试验装置

（3）检测项目及方法

检测项目及方法如表3-3所示。试验运行期间，每2～4天取水样一次，每次取300 mL，每个测定指标重复3次测定。

表 3-3　试验检测项目及方法

检测项目	检测方法
pH 值	PHS-3C 型台式 pH 计
化学需氧量（COD）	美国哈希 COD 测定仪
氨氮（NH_3-N）含量	纳氏试剂比色法
总磷（TP）含量	钼酸铵分光光度法
总固体悬浮物（TSS）含量	不可滤残渣烘干法

3.1.2　结果与讨论

（1）有机物的去除

试验期间，砂生物滤池系统运行稳定，进水、沉淀池出水和砂生物滤池出水的化学需氧量（COD）体积质量随时间变化情况如图 3-2 所示，系统对 COD 的最终平均去除率为 86.7%（表 3-4）。

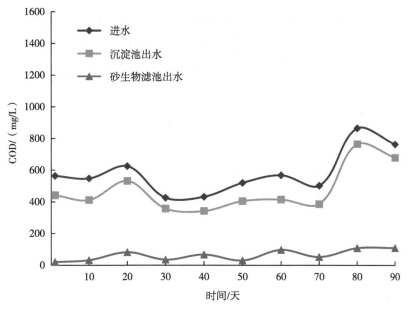

图 3-2　系统进出水 COD 变化

表 3-4　试验期间沉淀池和砂生物滤池平均去除率

项目	进水 /（mg/L）	沉淀池出水 /（mg/L）	去除率	砂生物滤池出水 /（mg/L）	去除率
	平均值	平均值	平均值	平均值	平均值
化学需氧量（COD）	581.3	473.5	18.5%	63.2	86.7%
总固体悬浮物（TSS）含量	232.1	173.3	25.3%	86.6	50.0%
氨氮（NH_3-N）含量	29.7	26.4	11.1%	5.5	79.2%
总磷（TP）含量	8.3	7.45	10.2%	0.95	87.2%

生活污水经沉淀池沉淀后，污水中一些洗菜或洗衣服带来的泥沙及一些大的固体悬浮物就会被去除，在降解部分有机物的同时，避免了后续砂生物滤池的堵塞。经沉淀池后，COD 平均值由 581.3 mg/L 降到 473.5 mg/L，去除率为 18.5%。可见沉淀池除了沉淀大颗粒物质，对生活污水中有机物的去除也有一定的作用。

砂生物滤池对生活污水中有机物的高效去除主要是依靠砂粒的物理截留作用和砂粒表面形成的生物膜的接触絮凝、生物氧化作用，沉淀池废水经砂生物滤池处理后，COD 平均值由 473.5 mg/L 降到 63.2 mg/L，去除率达到 86.7%。可见填充普通黄砂的砂生物滤池对废水中有机物的去除效果非常好，能达到污水排放一级标准。

（2）总固体悬浮物（TSS）的去除

如图 3-3 和表 3-4 所示，试验期间，经沉淀池后生活污水中的 TSS 含量平均值由 232.1 mg/L 降到 173.3 mg/L，去除率为 25.3%，沉淀池对固体悬浮物的去除作用主要是将一些大颗粒物质沉淀在池底。砂生物滤池对 TSS 去

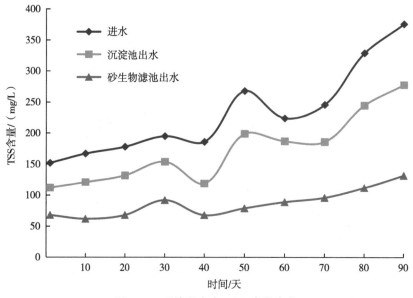

图 3-3 系统进出水 TSS 含量变化

除效果较好，出水 TSS 含量平均值为 86.6 mg/L，去除率为 50.0%，出水达到国家二级排放标准。砂生物滤池主要是依靠被微生物膜覆盖的滤料表面对 TSS 进行吸附和截留，进而通过微生物氧化和胞外酶降解吸附有机物。

（3）氨氮的去除

如表 3-4 所示，试验期间，废水经过沉淀池后，氨氮基本未被去除，进水氨氮含量的平均值 29.7 mg/L，出水氨氮含量平均值为 26.4 mg/L，由图 3-4 还可以看出，沉淀池出水中氨氮含量多次测定都高于进水，分析原因可能是试验中设置的沉淀池虽然有盖，但经常开启盖子敞口，因此溶解氧含量比较高，测定溶解氧值为 4.2 mg/L，对氨氮去除效果很差。

如图 3-4 所示，在废水进入砂生物滤池的过程中，滤池中的氨氮含量平均值由 26.4 mg/L 降到 5.5 mg/L，去除率为 79.2%，出水达到国家一级排放标准，分析砂生物滤池对氨氮的去除主要依靠物理、化学和生物 3 个方面的作用。物理作用主要是通过砂粒的机械截留作用使废水中的部分氨氮留在了砂粒表面，化学作用主要是废水中微生物会附着在砂粒上，靠自身分泌的胶

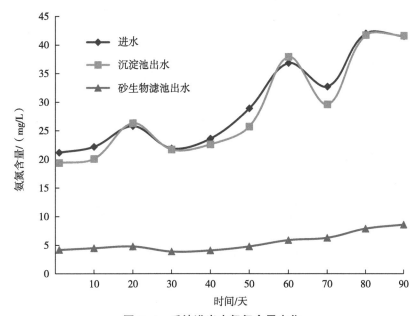

图 3-4　系统进出水氨氮含量变化

体黏液留在砂粒表面，微生物在砂粒较粗糙的表面上形成生物膜，微生物膜之间存在着生物絮体，使砂生物滤池具有较强的接触絮凝作用，去除部分氨氮。另外，生物作用主要是氨化和硝化—反硝化及适宜条件下滤池表面种植的高羊茅草的摄取，在砂层区域形成缺氧、厌氧的微环境。氨氮在好氧微环境中被硝化菌氧化为亚硝酸盐氮和硝酸盐氮，硝酸盐氮在反硝化菌的作用下被转化为NO、N_2而被去除。

（4）总磷（TP）的去除

如表3-4和图3-5所示，试验期间生活污水进水总磷含量平均值为8.3 mg/L，沉淀池出水总磷含量平均值为7.45 mg/L，去除率为10.2%，砂生物滤池出水总磷含量平均值为0.95 mg/L，去除率为87.2%，沉淀池对废水中总磷的去除主要依靠部分颗粒的沉淀作用。砂生物滤池对磷的去除主要包括高羊茅草的吸收、微生物的生物化学作用及砂粒基质的吸附、络合和沉淀作用。

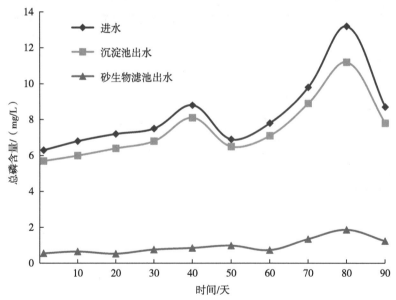

图3-5　系统进出水总磷含量变化

3.1.3　结论

（1）砂生物滤池系统是一种适合在农村推广使用的新型高效生活污水处理系统，处理生活污水效果好，能达到国家二级排放标准。

（2）填充普通黄砂的砂生物滤池化学需氧量（COD）、总固体悬浮物（TSS）、氨氮（NH₃-N）和总磷（TP）的出水含量平均值分别为 63.2 mg/L、86.6 mg/L、5.5 mg/L 和 0.95 mg/L，出水达国家二级排放标准。

（3）砂生物滤池系统具有处理效率高、占地面积小、造价低、维护使用方便等特点，容易推广使用。

3.2　粉煤灰分子筛强化砂生物滤池处理农村生活污水试验研究

近年来，随着农村经济收入和生活水平的不断提高，山东省农村生活用水量和生活污水排放量急剧增加，已接近城市水平。大量污水随意排放，污染了环境，危害农民的身体健康，并造成了水资源的严重浪费。根据"山东省农村环境保护现状调查表"统计，山东省（不含青岛市）农村生活污水年产生量为 12.2811×10^8 t，年人均产生量为 19.72 t，而处理率仅为 16.62%。农村生活污水与城市生活污水不同，具有如下特点：污水浓度偏高，基本上不含重金属和有毒有害物质，含一定量氮、磷，污水排放量较城市少但水量变化系数较大。

多年来，许多学者针对农村生活污水进行了大量研究，工艺也多种多样。House 等利用人工湿地技术，使生活污水回用于农田灌溉和景观水体，取得了良好的效果。张文艺等的研究表明，人工植物浮岛湿地一年四季对农村生活污水均有较好的处理效果，出水指标可达《污水综合排放标准》（GB 8978—1996）一级 B 排放要求。孙楠等研究了凹凸棒土 – 稳定塘模式处理严寒地区农村生活污水，出水能满足国家二级排放标准。吴迪等研究表明，两级回流连续曝气生物膜工艺处理农村生活污水效果较好。潘碌亭等对接触氧化 – 强化混凝工艺处理崇明农村生活污水特性进行了研究，出水可达到《城镇污水处理厂污染物排放标准》（GB 18918—2002）一级排放标准。

近几年国家也加大了对农村环境整治的力度，建设了村镇污水处理设施，农村环境有了很大的改善，就目前山东省农村生活污水处理工艺而言，人工湿地、地埋式一体化及稳定塘均有应用，技术相对较为成熟。但这3种工艺都有其一定的适用性。山东是水资源缺乏地区，水资源总量严重不足，全省多年平均淡水资源总量为 $303 \times 10^8 \text{ m}^3$，仅占全国水资源总量的 1.1%，人均占有水资源量仅 334 m^3（按 2000 年末统计人口数），不到全国人均占有量的 1/6，位居全国各省（自治区、直辖市）倒数第三。而目前已经推广的农村生活污水处理技术对氨氮和磷的去除效果差，出水不能达到回用标准。

针对山东省农村生活污水情况，山东省农业科学院农业资源与环境研究所开发粉煤灰分子筛强化砂生物滤池生活污水处理工艺，并在科技部和山东省科技厅先后资助下，对该工艺技术进行熟化、创新，在山东省济南市章丘区普集镇乐家村进行了应用，考察了其净化处理效果，并探讨了其在"美丽乡村"建设过程中的推广。

3.2.1　材料与方法

（1）试验地点与工程

粉煤灰分子筛强化砂生物滤池生活污水处理工程（图 3-6）建于山东省济南市章丘区普集镇乐家村村旁，占地面积 300 m^2，由集水池、沉淀池、调节池、粉煤灰分子筛强化砂生物滤池和植物净化池组成。集水池、沉淀池和调节池内部有效容积分别为 2.0 m^3、6.0 m^3、16.0 m^3，且 3 个池体连通。调节池内设置进水泵，间歇进水。粉煤灰分子筛强化砂生物滤池面积为 200 m^2，填料厚度为 80 cm，植物净化池面积为 75 m^2。

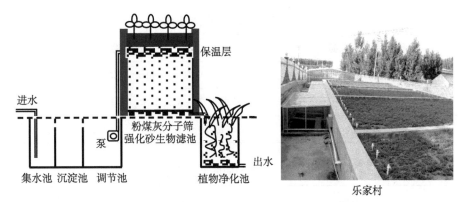

（a）粉煤灰分子筛强化砂生物滤池生活污水处理　　（b）粉煤灰分子筛强化砂生物滤池生
工程示意图　　　　　　　　　　　　　　　　活污水处理工程现场

图 3-6　生活污水处理工程

为保证该工程在冬季能够正常运行，集水池、沉淀池、调节池和植物净化池上方设置阳光板温棚保温，砂生物滤池上面铺设了 40 cm 厚土层，土层上面种植草坪，池体四周加设 10 cm 厚苯板保温。滤层有效砂粒径为 0.30～1.50 mm，不均匀系数小于 4.0，粉煤灰分子筛是以粉煤灰为原料，采用改进的水热合成法研制的具有高氨氮吸附性能的新型分子筛，粉煤灰分子筛与黄砂滤料的投加质量配比为 1：50。工程布水层和底层都铺有 10 cm 厚直径为 2～3 cm 的卵石。布水管介于上层卵石之间，采用 DN32 的 PVC 管，底部每隔 60 cm 打有 φ10 mm 的孔以便均匀布水。植物净化池种植芦苇，一侧上部进水，出水从另一侧底部排出，芦苇购自苗圃市场。

（2）进水水质

进水为乐家村生活污水，乐家村现有 120 户，400 人，人均水资源量为 424 m³，人均用水量为 40～50 L/d，村民产生的生活污水通过管道收集，污水产生量为 16～20 t/d。工程进水水力负荷为 0.08 m³/（m²·d）。进水组成和水质指标如表 3-5 和表 3-6 所示。

表 3-5　试验期间进水组成

生活污水来源	用水次数
洗菜水、刷锅水、洗碗水等厨房用水	每天 3 次
洗衣服水	冬季每 3～5 天 1 次，夏季每 1～2 天 1 次
洗澡水	冬季每 10～15 天 1 次，夏季每 1～3 天 1 次

表 3-6　试验期间进水水质指标

指标	范围	平均值
pH 值	6.6～7.8	7.1
化学需氧量（COD）/（mg/L）	308.0～461.0	390.18
氨氮（NH_3-N）含量 /（mg/L）	16.2～37.5	29.89
总氮（TN）含量 /（mg/L）	26.8～43.7	35.23
总磷（TP）含量 /（mg/L）	2.4～3.7	3.04

（3）检测项目及方法

工程运行期间，每 20 天取一次水样，每次取 300 mL。水质由山东省农业科学院农业农村部黄淮海平原农业环境重点实验室测定，每个测定指标重复 3 次测定。试验期间环境温度和进出水温度为测定所得。试验运行时间为 2015 年 3 月 20 日至 2016 年 2 月 20 日。

pH 值采用 pH 计（上海 Bante220）测定；化学需氧量（COD）通过 COD 测定仪（美国哈希，DR1010）测定；氨氮（NH_3-N）含量采用凯氏定氮仪（瑞士 BUCHI，K-375）测定；总氮（TN）含量采用过硫酸钾氧化紫外分光光度法测定；总磷（TP）含量采用钼锑抗分光光度法测定；总固体悬浮物（TSS）含量采用不可滤残渣烘干法测定。

3.2.2 结果与分析

（1）有机物的去除

试验期间，生活污水处理工程运行稳定，进水、沉淀池出水、滤池出水和植物净化池出水的化学需氧量（COD）随时间变化如图 3-7（a）所示。从图中可以看出，工程进水 COD 波动较大，夏季因用水量大 COD 值偏低，其他季节较高。在工程运行一年期间，进水 COD 平均值为 390.18 mg/L，滤池出水 COD 能达到 50 mg/L 以下，植物净化池出水 COD 平均值为 15.29 mg/L，出水 COD 能达到《城镇污水处理厂污染物排放标准》一级 A 标准。从图 3-8 工程各构筑物去除情况来看，整个示范工程对 COD 的平均去除率为 96.08%，沉淀池、滤池和植物净化池对 COD 的平均去除率分别为 23.24%、87.91% 和 57.76%。

在该示范工程中，生活污水经沉淀池后，污水中一些洗菜或洗衣服带来的泥沙及一些大的悬浮物就会被去除，在降解部分有机物的同时，避免了对后续粉煤灰分子筛强化砂生物滤池的堵塞。粉煤灰分子筛强化砂生物滤池对生活污水中有机物的高效去除主要是依靠砂粒的物理截留作用和砂粒表面形成的生物膜的接触絮凝、生物氧化作用。植物净化池主要为植物根系对污染物的拦截吸附作用。

（2）氨氮的去除

如图 3-7（b）所示，生活污水处理工程运行期间，废水进水氨氮含量的平均值为 29.89 mg/L，经系统各构筑物处理后，沉淀池、滤池和植物净化池出水氨氮含量平均值分别为 25.66 mg/L、2.34 mg/L 和 2.02 mg/L，最终出水氨氮含量能达到《城镇污水处理厂污染物排放标准》一级 A 标准。图 3-8 显示各构筑物对氨氮的去除率差异较大，整个工程对氨氮的平均去除率为 93.24%，而沉淀池、滤池和植物净化池对氨氮的平均去除率分别为 14.15%、90.88% 和 13.68%，滤池对氨氮去除效果贡献最大。滤池对氨氮的去除，一方面得益于粉煤灰分子筛的高效作用，课题组研究的粉煤灰分子筛结晶度高，孔道高度有序排列，孔壁坚实，孔径均匀适中，通过扫描电镜、透射电镜、比表面积测定等手段分析测试确定壳聚糖的最佳包覆量为质量分数比 10%，能高效地吸附生活污水中的氨氮。另一方面依靠砂粒的机械截留和砂粒表面生物膜的生物氧化作用，提高了滤池对生活污水中氨氮的去除效果。

（3）总氮和总磷的去除

如图 3-7（c）、图 3-7（d）和图 3-8 所示，工程运行期间，废水进水总氮（TN）和总磷（TP）含量的平均值分别为 35.23 mg/L 和 3.04 mg/L。经系统各构筑物处理后，植物净化池出水总氮和总磷含量平均值分别为 5.74 mg/L 和 0.34 mg/L，出水都能达到《城镇污水处理厂污染物排放标准》一级 A 标准，工程总平均去除率分别为 83.71% 和 88.82%。从各构筑物处理效果来看，沉淀池出水总氮和总磷的平均值分别为 31.32 mg/L 和 2.57 mg/L，平均去除率分别为 11.10% 和 15.46%。滤池出水总氮和总磷含量的平均值分别为 6.58 mg/L 和 0.40 mg/L，平均去除率分别为 78.99% 和 84.44%。植物净化池出水为最终出水，对总氮和总磷的平均去除率分别为 12.77% 和 15.00%。

有研究表明，氮的最终去除主要依靠微生物的反硝化作用使其转化为气体逸出系统。本工程砂层上面土层厚度为 40 cm，土层上种植三叶草，砂粒间可形成好氧、兼氧微环境，提高对总氮的去除效果。另外，总氮的去除还依靠粉煤灰分子筛的吸附作用及芦苇的吸收作用，是微生物、填料和植物共同作用的结果。生活污水中的磷主要来自洗涤剂和食物残渣等，主要以溶解态和颗粒态存在。粉煤灰分子筛强化砂生物滤池对总磷的去除主要包括基质的高效吸附、络合和沉淀作用，以及后续植物的吸收作用。

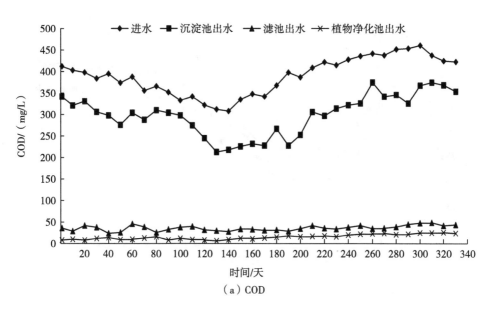

（a）COD

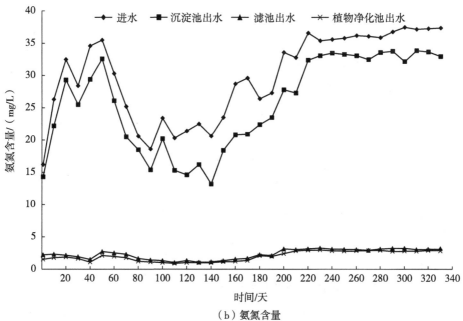

（b）氨氮含量

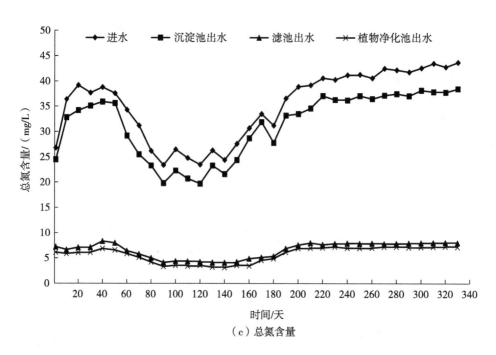

（c）总氮含量

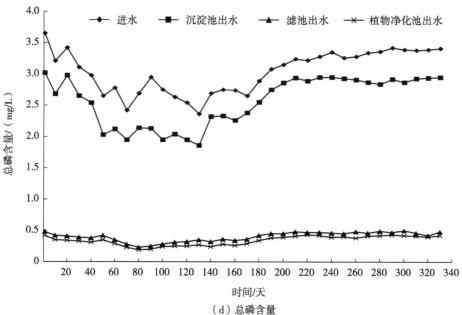

（d）总磷含量

图 3-7　试验期间工程进出水各指标变化

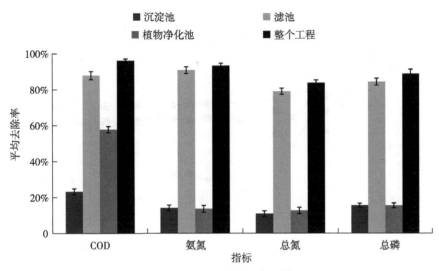

图 3-8　工程各构筑物去除情况

（4）环境温度对工程效果的影响

冬季构筑物进出水温度随气温变化，如图 3-9 所示。温度测定期间，上午 8 点，环境温度较低且变化较大，最高达到 18.6 ℃，而最低仅有 −18 ℃，在环境温度变化比较大的情况下，进水温度仍能保持在 10 ℃以上，而出水温度在 13 ℃以上；下午 2 点，环境温度最高为 24.5 ℃，最低为 −10 ℃，此时工程进水温度为 11 ℃以上，出水温度达到 16 ℃以上。如图 3-10 所示，非冬季（3 月至次年 10 月）工程对化学需氧量（COD）、氨氮（NH₃-N）、总氮（TN）和总磷（TP）的平均去除率分别为 96.80%、93.99%、84.35% 和 89.48%，而冬季（11 月至次年 2 月）平均去除率分别为 94.85%、92.13%、83.02% 和 87.79%，冬季较非冬季降幅分别为 2.01%、1.98%、1.58% 和 1.89%。

该工程冬季比非冬季对污染物去除效果稍有降低，分析是因为集水池等采用阳光板保温，滤池也采取了覆土和四周保温的措施，出水经过植物净化池，而植物净化池也采用了阳光板保温，这些保温措施能使进出水保持较高温度。1 月 23 日是章丘区 2015 年冬季最冷的一天，也是近几年同期气温最低的一天，最高气温 −10 ℃，最低气温 −18 ℃，在这种恶劣天气下，工程仍能正常运行，进出水温度达到 10 ℃以上，可见工程具有很好的抗冻性能，在冬季也能正常运转。

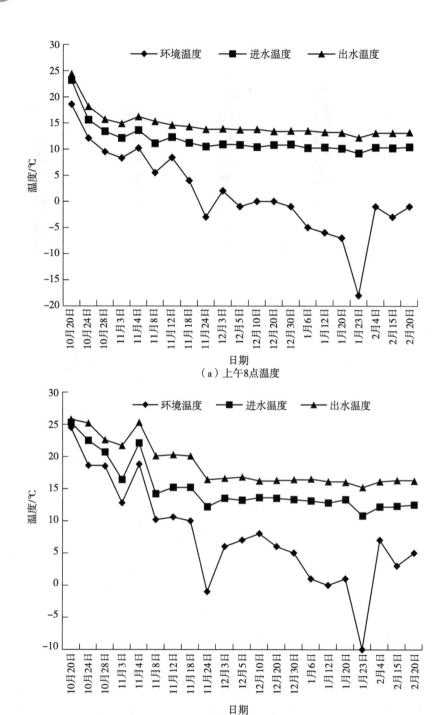

（a）上午8点温度

（b）下午2点温度

图 3-9　冬季工程进出水温度变化

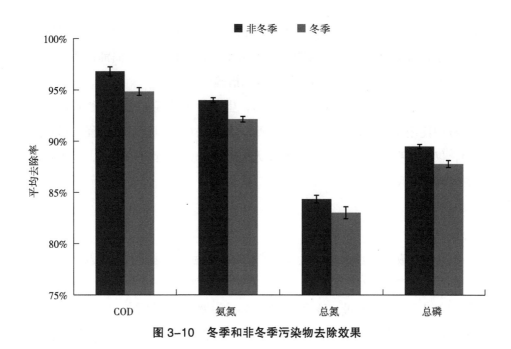

图 3-10　冬季和非冬季污染物去除效果

（5）工程经济指标分析

乐家村生活污水工程建设总费用 10.6 万元，每天处理水量 16～20 t，按照 20 t 设计，则工程建设成本为 5300 元 /t。

工程运行成本：水泵耗电 1.8（kW·h）/d，电费按 0.56 元 /（kW·h）计算，每天电费 1.01 元；人工为兼职，每月补助 100 元，每天 3.33 元；分子筛每 2 年添加一次，花费 1200 元，每天 1.64 元，则污水处理工程每天运行费用 1.01+3.33+1.64=5.98 元，每天运行成本 5.98 元 /20 t ≈ 0.3 元 /t。

3.2.3　讨论

（1）粉煤灰分子筛强化砂生物滤池农村生活污水示范工程在运行过程中需严格控制进水负荷为 0.08 m³/（m²·d），在此负荷下运行，砂生物滤池不会堵塞，也不用反冲洗系统。若负荷过大会导致砂生物滤池堵塞、污水外溢，若负荷过小可能会导致污水处理效果差。

（2）该试验点为山东，冬季气温较低，最低为 –10 ℃以下，若不采取保温措施，冬季池体将会被冻坏。考虑到农村污水处理的实际情况，为保证该工程冬季正常运行，采用了设置阳光板温棚、砂生物滤池上面铺设 40 cm 厚土层、池体四周加设 10 cm 厚苯板等保温措施。

（3）当前中国农村富裕程度还不够，生活污水处理工程的运行费用决定了工程的使用率，若运行费用太高，则农民无法承担。该示范工程在运行过程中，仅需花费进水泵的运行电费及人工管理费，运行费用较低，适于在广大农村推广使用。

3.2.4　结论

（1）粉煤灰分子筛强化砂生物滤池农村生活污水处理工程建设及运行成本低，每天处理废水成本仅为 0.3 元 /t，维护使用方便，适于在农村推广使用。

（2）工程运行期间，整个工程对生活污水中化学需氧量（COD）、氨氮（NH_3-N）、总氮（TN）和总磷（TP）的平均去除率分别为 96.08%、93.24%、83.71% 和 88.82%，植物净化池出水各含量平均值分别为 15.29 mg/L、2.02 mg/L、5.74 mg/L 和 0.34 mg/L，达到《城镇污水处理厂污染物排放标准》一级 A 标准。

（3）该工程采用了覆土、苯板及阳光板多种保温措施，冬季进出水温度 10 ℃以上，保证了工程的正常、稳定运行。

3.3　生物巢厌氧反应器处理奶牛养殖废水效果研究

近年来，我国畜禽养殖业发展迅速，特别是一些集约化养殖场和养殖小区正在崛起。集约化养殖可大大提高生产效率和饲料转换率，降低生产成本，增加经济效益，但畜禽集约化养殖会造成粪尿过度集中和冲洗水大量增加，给生态环境带来极大压力，因大量粪水随意排放，严重污染了养殖场周边环境及地下水，威胁着养殖场附近居民的身体健康，畜禽养殖业污染已成为农村面源污染的主要因素之一。

与城市生活污水和水产养殖废水相比，畜禽养殖废水有其自身特点，即含有大量粪尿，污染负荷高，目前常用的处理方法有物理方法、化学方法和生物方法。厌氧生物处理是近几年兴起的用于养殖场粪污处理的生物方法，具有适应性强、处理污染负荷大、设备投资少、运行费用低、可回收沼气能源和出水便于资源化利用等特点。近年来，各种厌氧生物处理的新工艺、新方法不断出现，如完全混合式厌氧反应器（CSTR）、升流式固体反应器（USR）、上流式厌氧污泥床反应器（UASB）和内循环厌氧反应器（IC）等，都取得了卓越的成效。张勤等分析了厌氧消化法处理畜禽养殖业废水的影响因素及综合利用，提出了厌氧发酵是处理养殖业高有机浓度废水的有效手段，但目前应用的厌氧发酵方法处理效率低，水力停留时间（HRT）为 3～15 天。王彦欣等采用厌氧消化"UASB-SBR"组合处理工艺处理高质量浓度有机牧场养牛废水，进水 COD 为 18～20 g/L，氨氮含量为 410～510 mg/L，固体悬浮物（SS）含量为 4～6 g/L，去除率分别为98.1%、76.1%和97.5%，各指标均达到了《畜禽养殖业污染物排放标准》（GB 18596—2001）的要求，但该工艺投资及运行费用较高，不易在养殖场推广。

为提高奶牛养殖场废水处理效果及处理效率，减少奶牛养殖场废水随意排放对周围环境造成的污染，采用在厌氧反应器内添加"巢式"结构形式，形成一种生物巢式新型高效厌氧反应器，该生物巢材料为多个拱形结构构成的长螺旋带状结构，比表面积大，有利于菌群的吸附及生长；同时因该材料比重和水相差不大，所以其进水在厌氧反应器内会自动漂浮，能增加与废水的接触面积，提高废水处理效率。

通过对在奶牛场已经建成的生物巢厌氧反应器示范工程进行取样测定，研究该生物巢厌氧反应器对奶牛养殖场废水的处理效果，旨在为该系统的推广应用奠定基础。

3.3.1 材料与方法

（1）示范工程建设情况

山东省农业科学院畜牧兽医研究所奶牛场，现存奶牛 400 头，占地 33.3

公顷。牛粪的收集采用干清粪的方式，收集的牛粪卖给农户作为肥料。牛场建有 500 m² 挤奶厅，每天早晚各挤奶 1 次，挤奶厅和奶牛场排尿区每天产生废水 20～30 m³。

生物巢厌氧反应器示范工程建于山东省农业科学院畜牧兽医研究所奶牛场内，主要包括集水池、预处理池、两级生物巢厌氧反应器和出水收集池，厌氧反应器总容积 20 m³。预处理池、集水池和出水收集池上面建有太阳能采光板，两级生物巢厌氧反应器罐体采用保温结构，预处理池和厌氧反应器罐内设太阳能热水加热盘管。示范工程工艺流程如图 3-11 所示。

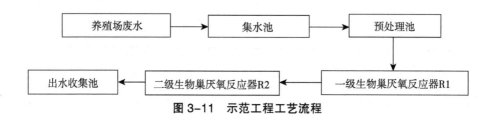

图 3-11　示范工程工艺流程

（2）示范工程进水水质

本示范工程进水为奶牛场废水，由挤奶厅奶罐冲洗水、地面冲洗水及奶牛活动场牛尿冲洗水组成，主要水质指标如表 3-7 所示。

表 3-7　示范工程进水水质指标

指标	进水水质指标范围
pH 值	7.1～7.4
固形物含量	1.0%～1.8%
化学需氧量（COD）/（mg/L）	2850～5156
生化需氧量（BOD）/（mg/L）	1052～2614
氨氮（NH_3-N）含量 /（mg/L）	108.5～176.3
总磷（TP）含量 /（mg/L）	112.5～263.2
总固体悬浮物（TSS）含量 /（mg/L）	1247～3650

（3）示范工程启动运行

生物巢厌氧反应器示范工程启动时间需要 3 周，40 天后示范工程运行稳定。稳定运行时间共 277 天。示范工程稳定运行期间，水力停留时间为 15 h。

（4）检测项目及方法

示范工程运行期间，每 5 天取水样一次，每次取 1000 mL，每个测定指标重复 3 次测定。固形物含量用重量法测定；pH 值使用台式 pH 计（PHS-3C 型，上海悦丰仪器仪表有限公司）测定；沼气产量用煤气表（1.6 m³，天津市鑫丰仪表成套有限公司）测定；化学需氧量（COD）使用哈希 COD 测定仪（DR/1010，美国）测定；生化需氧量（BOD）用哈希 BOD 测定仪（BODTrakTM，美国）测定；氨氮（NH_3-N）含量用纳氏试剂比色法测定；总磷（TP）含量用钼酸铵分光光度法测定；总固体悬浮物（TSS）含量用不可滤残渣烘干法测定；温度使用温度计（TES-1319，深圳市精立达科技有限公司）测定。

3.3.2　结果与讨论

（1）示范工程温度变化

研究发现，在 10～60 ℃时，沼气均能正常发酵产气，低于 10 ℃或高于 60 ℃都严重抑制微生物生存、繁殖，影响产气。

示范工程所在地山东省济南市四季分明，温度变化比较明显，图 3-12 是示范工程运行期间发酵料液温度变化情况。

由图 3-12 可以看出，在工程运行前期（前 150 天），室外温度为 16.5～32.5 ℃，此时生物巢厌氧反应器 R1 内料液温度为 22.5～29.8 ℃，温度变化不明显；在工程运行后期，室外气温变化较大，最低达到 -6 ℃，最高仅为 16.5 ℃，在外界气温如此低且温度变化较大的情况下，生物巢厌氧反应器 R1 内料液温度变化一直较稳定，分析原因为生物巢罐体采用保温材料加彩钢板外围护结构的"夹芯"结构，集水池和预处理池上面建有阳光板保暖棚，并且预处理池和厌氧反应器内部有太阳能盘管，在保温的同时通过太阳能对料液进行加温，这些措施保证了冬季生物巢厌氧反应器内温度达到13 ℃以上，示范工程正常运行。

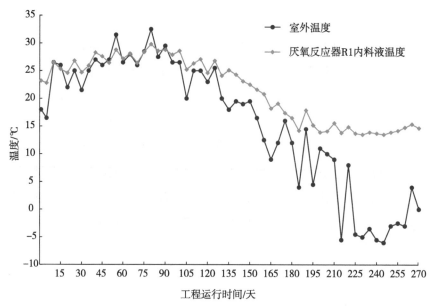

图 3-12　示范工程发酵料液温度变化情况

（2）示范工程 pH 值变化

适宜的酸碱度是沼气微生物生长的必要条件，通常厌氧发酵装置中产甲烷菌适宜的 pH 值为 6.5～7.8。从图 3-13 可以看出，进水 pH 值为 7.16～7.4，中性偏碱且变化不大，在沼气工程运行过程中，厌氧反应器 R1 和 R2 的 pH 值都呈动态变化，但保持在 6.78～7.21，这说明示范工程运行良好。

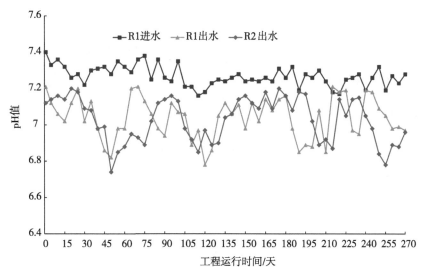

图 3–13 示范工程进出水 pH 值变化情况

（3）示范工程产气量情况

从图 3-14 可以看出，示范工程运行期间，日产气量在 21.0～32.7 m³，因厌氧反应器总容积为 20 m³，计算池容产气率达到 1.050～1.635 m³/（m³·d），可见池容产气率比较高。图 3-14 显示，试验后期冬季日产气量偏高，从图 3-15、图 3-16 可以分析，试验前期，奶牛场及挤奶厅每天冲洗水量为 23.2～31.5 m³，进水 COD 为 2850～4246 mg/L，COD 平均去除率为 79.6%，而在试验后期，冲洗水量有所减少，为 20.4～25.6 m³，同时进水 COD 为 4562～5156 mg/L，COD 平均去除率为 72.8%，虽然冬季生物巢厌氧反应器内料液温度低，但降解的 COD 数量比其他季节略高，故产气量偏高。

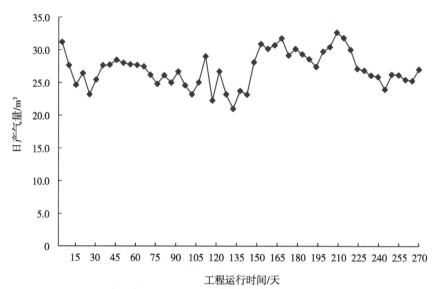

图 3-14　示范工程产气情况

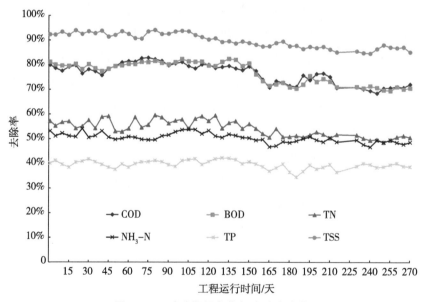

图 3-15　试验期间各指标去除率变化

（4）有机物的去除

示范工程运行期间，进水量及进水的 COD 和 BOD 一直不断变化，这是因为奶牛场冲洗水量随季节的变化而有所不同，试验前期，奶牛场及挤奶厅每天冲洗水量为 23.2～31.5 m³，进水 COD 为 2850～4246 mg/L，BOD 为 1254～1978 mg/L，而在试验后期，因天气变冷冲洗水量有所减少，为 20.4～25.6 m³，同时进水 COD 和 BOD 增加，进水 COD 达到4562～5156 mg/L，BOD 达到 1985～2632 mg/L，但系统运行一直比较稳定，进水、生物巢厌氧反应器出水的化学需氧量（COD）和生化需氧量（BOD）随时间变化如表 3-8、图 3-16 和图 3-17 所示。COD 的平均去除率为 76.7%，BOD 的平均去除率为 76.9%。

示范工程的运行数据表明，奶牛场废水经过两级生物巢厌氧反应器，可以去除大部分有机物。但因山东省济南市一年四季温度变化比较大，故试验前期，在气温为 16.5～32.5 ℃时对废水中 COD 和 BOD 的平均去除率均为80% 以上。试验后期，外界温度为 −6～16.5 ℃，生物巢厌氧反应器罐体内料液温度能保持在 13.5～21.6 ℃，对有机物的平均去除效率能达到 72%，效果比较好。分析该示范工程去除有机物效率高，一方面在于厌氧反应器罐体内设置的两层生物巢材料，可以富集大量微生物，提高了产甲烷菌的活性和污泥的停留时间；另一方面在于冬季气温较低，但采取罐体"夹芯"、阳光板保暖、太阳能升温等技术后，保温效果比较明显，去除效果比较好。

表 3-8　示范工程进出水及平均去除率情况

项目	进水平均值	出水平均值	平均去除率
化学需氧量（COD）/（mg/L）	4092.1	953.4	76.7%
生化需氧量（BOD）/（mg/L）	1884.5	435.3	76.9%
氨氮（NH₃-N）含量/（mg/L）	142.6	70.6	50.5%
总磷（TP）含量/（mg/L）	192.5	116.3	39.6%
总固体悬浮物（TSS）含量/（mg/L）	2223.0	244.5	89.0%

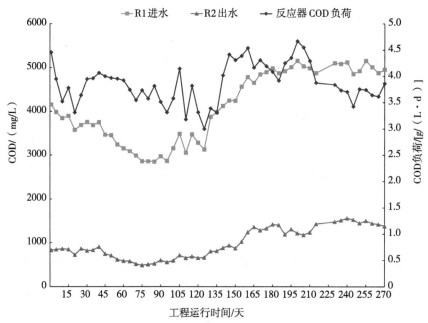

图 3-16　试验期间进出水 COD 变化

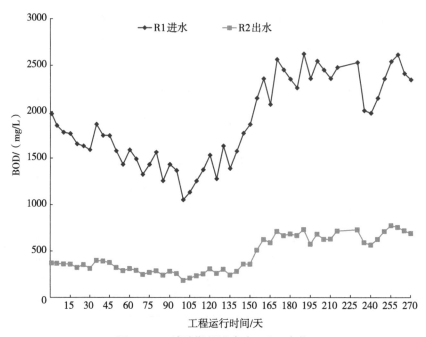

图 3-17　试验期间进出水 BOD 变化

（5）氨氮的去除

如表 3-8 和图 3-18 所示，试验期间，两级生物巢厌氧反应器示范工程进水和出水氨氮含量平均值分别为 142.6 mg/L 和 70.6 mg/L，平均去除率为50.5%。可见两级生物巢厌氧反应器对氨氮的去除率较低，原因可能是水力停留时间较短，试验废水中的氨氮不能与反应器中微生物充分接触反应，不能很好地硝化。分析两级生物巢厌氧反应器能去除部分氨氮的原因，是部分氨氮进入沼渣中，未随出水排出。

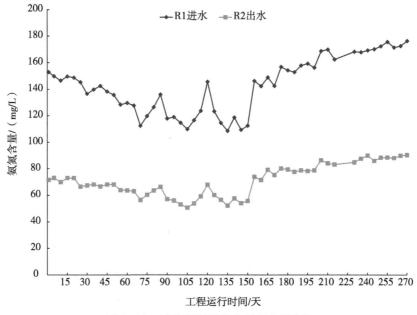

图 3-18　试验期间进出水氨氮含量变化

（6）总磷的去除

因挤奶厅奶罐需要用洗涤剂冲刷，奶牛养殖场废水中的磷主要来自挤奶厅冲洗水洗涤剂及奶牛粪尿，主要以溶解态和颗粒态存在。如表 3-8 和图 3-19所示，两级生物巢厌氧反应器示范工程进水总磷含量平均值为 192.5 mg/L，出水总磷含量平均值为 116.3 mg/L，平均去除率仅为 39.6%。分析原因是在厌氧反应过程中，由于微生物的代谢作用，导致微环境发生变化，使得废水中的部分溶解性磷酸盐化学性地沉积于污泥上，进而从废水中被除去，即生物具有诱导化学沉淀的辅助作用。

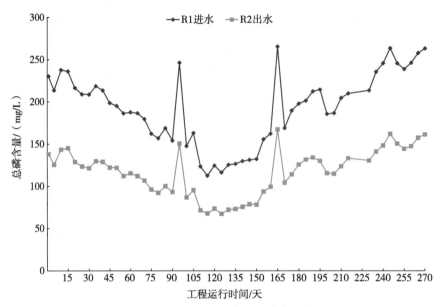

图 3-19 试验期间进出水总磷含量变化

（7）总固体悬浮物（TSS）的去除

两级生物巢厌氧反应器示范工程对废水中 TSS 有着非常好的去除效果，平均去除率达到 89.0%，该系统进水、出水的 TSS 含量的变化情况如图 3-20 所示。因该生物巢厌氧反应器示范工程内部的两层生物巢材料表面有微生物膜，废水在生物巢厌氧反应器中与生物巢材料表面形成的生物膜充分接触，大量固体悬浮物被有效去除。

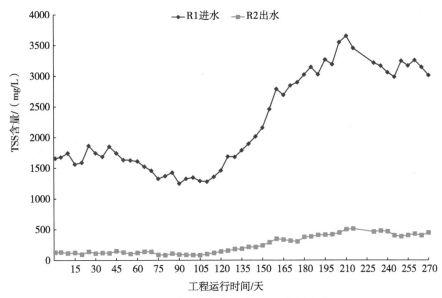

图 3-20　试验期间进出水 TSS 含量变化

3.3.3　结论

（1）生物巢厌氧反应器处理系统是一种针对目前规模化养殖场干清粪、废水处理难的问题而设计的设施，具有水力停留时间短、处理效率高、池容产气率高、污染物去除效果好的优势，适合于大中小型养殖场废水处理。

（2）对于养殖 400 头奶牛、挤奶厅和奶牛场排尿区每天产生废水约 20～30 m^3 的养殖场，仅需建设总容积 20 m^3 的生物巢厌氧反应器示范工程，节省占地面积及投资。

（3）生物巢厌氧反应器示范工程池容产气率高，最高达到 1.635 $m^3/(m^3 \cdot d)$；处理效率高，对化学需氧量（COD）、生化需氧量（BOD）、氨氮（NH_3-N）、总磷（TP）和总固体悬浮物（TSS）的平均去除率分别为 76.7%、76.9%、50.5%、39.6% 和 89.0%。

（4）该工艺可行，主要用于处理中等浓度有机废水，如养殖场废水、屠宰场废水等，工艺设计进水 COD 浓度为 2000～8000 mg/L，水力停留时间仅为 15 h，对 COD、BOD 和 TSS 的去除效果较好。出水可用于厂区内绿化

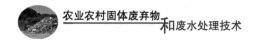

或浇灌周围农田。若要达标排放，还需在生物巢厌氧反应器工程后加后续处理设施。

参考文献

[1] 梁祝，倪晋仁 . 农村生活污水处理技术与政策选择 [J]. 中国地质大学学报（社会科学版），2007，7（3）：18-22.

[2] 徐洪斌，吕锡武，李先宁，等 . 农村生活污水（太湖流域）水质水量调查研究 [J]. 河南科学，2008，26（7）：854-857.

[3] 刘华波，杨海真 . 稳定塘污水处理技术的应用现状与发展 [J]. 天津城市建设学院学报，2003，9（1）：22-25.

[4] 王宝贞，王琳 . 水污染治理新技术 [M]. 北京：科学出版社，2004.

[5] 贾宏宇，孙铁珩，李培军，等 . 污水土地处理技术研究的最新进展 [J]. 环境污染治理技术与设备，2001，2（1）：62-65.

[6] 吴树彪，董仁杰，翟旭，等 . 组合家庭人工湿地系统处理北方农村生活污水 [J]. 农业工程学报，2009，25（11）：282-287.

[7] 王青颖 . 中国农村生活污水处理技术应用现状及研究方向 [J]. 污染防治技术，2007，20（5）：37-38.

[8] 刘晓璐，牛宏斌，闫海，等 . 农村生活污水生态处理工艺研究与应用 [J]. 农业工程学报，2013，29（9）：184-191.

[9] 张悦，段华平，孙爱伶，等 . 江苏省农村生活污水处理技术模式及其氮磷处理效果研究 [J]. 农业环境科学学报，2013，32（1）：172-178.

[10] 马琳，贺锋 . 我国农村生活污水组合处理技术研究进展 [J]. 水处理技术，2014，40（10）：1-5.

[11] 张文艺，姚立荣，王立岩，等 . 植物浮岛湿地处理太湖流域农村生活污水效果 [J]. 农业工程学报，2010，26（8）：279-284.

[12] 孙楠，田伟伟，李晨洋，等 . 凹凸棒土：稳定塘工艺提高严寒地区农村生活污水处理效果 [J]. 农业工程学报，2014，30（24）：209-215.

[13] 吴迪，高贤彪，李玉华，等 . 两级回流生物膜工艺处理农村生活污水效果 [J].

农业工程学报，2011，27（9）：218-224.

[14] 潘碌亭，王文蕾，余波. 接触氧化 – 强化混凝工艺处理崇明农村生活污水特性 [J]. 农业工程学报，2011，27（9）：242-247.

[15] 李先宁，吕锡武，孔海南. 农村生活污水处理技术与示范工程研究 [J]. 中国水利，2006（17）：19-21.

[16] 张增胜，徐功娣，陈季华，等. 生物净化槽 / 强化生态浮床工艺处理农村生活污水 [J]. 中国给水排水，2009，25（9）：8-11.

[17] 朱文玲，崔理华，朱夕珍，等. 混合基质垂直流人工湿地净化废水效果 [J]. 农业工程学报，2009，25（增刊1）：44-48.

[18] 张洪芬，黄武，刘媛，等. 浅析集约化畜禽养殖废水处理模式 [J]. 中国环保产业，2009（12）：41-43.

[19] 邓良伟. 规模化畜禽养殖废水处理技术现状探析 [J]. 中国生态农业学报，2006，14（2）：23-26.

[20] 孙小菊，潘喜平. 基于厌氧处理的畜禽养殖废水处理与资源化利用 [J]. 漯河职业技术学院学报，2009，8（5）：4-5.

[21] 陶亮亮，李鹏，朱燕，等. 养殖场废水处理方法研究进展 [J]. 湖南饲料，2011（5）：46-48.

[22] 张勤，王克科，赵颖，等. 厌氧消化法处理畜禽养殖业废水的影响因素及综合利用 [J]. 河南畜牧兽医，2005，26（9）：8-10.

[23] 寿亦丰，蔡昌达，林伟华，等. 杭州灯塔养殖总场沼气与废水处理工程的技术特点 [J]. 农业环境保护，2002，21（1）：29-32.

[24] 邓良伟，陈铬铭. IC工艺处理猪场废水试验研究 [J]. 中国沼气，2001，19（2）：12-15.

[25] 中华人民共和国农业农村部. 规模化畜禽养殖场沼气工程设计规范：NY/T 1222—2006[S]. 北京：中国农业出版社，2007.

[26] 王彦欣，李文胜，陈宏，等. 高浓度有机牧场养牛废水处理工程的设计与运行 [J]. 工业安全与环保，2012，38（6）：4-6.

[27] 国家环境保护总局. 畜禽养殖业污染物排放标准：GB 18596—2001[S]. 北京：

国家环境保护总局，2001.

[28] 王艳芹，刘兆辉，边文范，等．新型高效反应器组合系统处理奶牛养殖场废水试验研究 [J]．农业环境科学学报，2011，30（6）：1229–1235.

[29] 牛文慧，王惠生，王清，等．养殖场小型太阳能沼气工程的增温效果 [J]．西北农业学报，2011，20（8）：203–206.

[30] 白洁瑞，李轶冰，郭欧燕，等．不同温度条件粪秆结构配比及尿素、纤维素酶对沼气产量的影响 [J]．农业工程学报，2009，23（2）：188–193.

[31] 鲁赵芳，段志田，刘昀，等．太阳能在沼气工程中的应用 [J]．技术与工程应用，2008，10：43–46.

[32] 刘伟，高海，刘晓莉，等．寒冷地区户用沼气冬季产气存在的问题及解决方法 [J]．现代农业科技，2010（24）：264–265.

[33] 许朋裴．论生物膜法在畜禽养殖废水处理中的优越性 [J]．畜牧兽医水产，2009，16（275）：81–82.

第 4 章
厌氧发酵产沼气性能的影响因素

4.1 原料风干程度对产沼气性能的影响

马铃薯是世界五大粮食作物之一，单产量高且具有耐储存、耐贫瘠、抗旱、抗寒等优良特性，在世界范围内广泛种植，是部分国家人们餐桌上的主食。马铃薯自明朝中晚期引入我国，历经 400 余年发展，已成为我国仅次于水稻、玉米、小麦的第四大粮食作物，播种面积和产量均居世界首位。马铃薯不仅可以作为主粮或蔬菜食用，还是淀粉、乙醇等大宗商品的原料和优质的动物饲料，推动马铃薯产业发展对于保证国家粮食安全、优化种植结构、增加农民收入等均具有十分重要的意义。

营养性块茎是马铃薯的主要可食用部分，而茎、叶等地上部分的生物量约与块茎相当，富含蛋白质、糖类等，其合理利用不仅具有可观的经济效益，而且具有良好的生态和环保效益。目前，马铃薯茎叶的利用途径主要有饲料化、材料化和能源化等方式。马铃薯茎叶营养较为丰富，具有一定的饲用价值，但实践中需要解决适口性差、易腐烂和龙葵素的毒性等问题。何志军等将马铃薯茎叶与小麦秸秆、玉米秸秆等混合后青贮，提高了马铃薯茎叶的青贮品质和适口性；杨永在等发现将马铃薯茎叶与全株玉米按一定比例混合后青贮，或添加 6% 的糖蜜后青贮，均能降低马铃薯茎叶中有毒的龙葵素含量，提高青贮品质和饲用价值。马铃薯茎叶中含有 0.1%～1% 的茄尼醇，且相对于烟草等其他材料价廉易得，可用于茄尼醇等重要生化原料的提取。马铃薯茎叶的能源化利用方式主要是厌氧发酵生产沼气，目前的研究报道主要集中在通过物料混合或预处理的手段提高产气效率方面。S. M. Ashekuzzaman 等比较了马铃薯茎等植物原料单独发酵及与牛粪混合发酵产沼气效率差异，发现混合发酵时沼气和甲烷产量显著增加，并认为混合发酵体系可避免氨积累、VFAs 过剩等问题，同时营养更均衡；周彦峰等利用稀释 100 倍的木醋液对马铃薯茎叶进行预处理，促进茎叶中纤维成分的降解，提高了产沼气效率；葛一洪等则以多种不同的离子液体处理马铃薯茎叶，可明显缩短厌氧消化启动停滞期，提高产沼气量和甲烷体积分数。相较于其他处理方式，厌氧沼气发酵对原材料的纯度、卫生等要求较低，适用地域更加广阔，在产出沼气的同时产生有肥料利用价值的沼渣、沼液，可同时实现废弃物的能源化与肥料化利用，尤其适合在马铃薯集中种植区进行推广。

作为马铃薯种植的副产品，茎叶部分在块茎收获以后往往会被暂时搁置在田间地头。同其他植物生物质材料类似，随时间推移植株会逐渐风干失水，可溶性碳水化合物（water soluble carbohydrate，WSC）、粗蛋白（crude protein，CP）、粗脂肪（ether extract，EE）等易利用成分快速流失，木质纤维化程度不断加深，不利于发酵微生物的分解转化，给后续的资源化利用造成不利影响，导致原料利用率低、产气效率低下等一系列问题的出现；但是同时有多项研究指出，若以含水率过高、易降解成分含量丰富的生物质材料直接进行厌氧沼气发酵，则易因原料分解过快而引起多种有机酸的超量累积，过多的有机酸不能被产甲烷微生物及时利用，体系 pH 值急剧降低，出现所谓"过酸化"现象，阻碍厌氧发酵的正常进行，甚至可能直接导致体系崩溃、产气失败。因此，了解风干过程对厌氧沼气发酵效率的影响，寻找最佳风干程度，对于提高马铃薯茎叶利用率、避免发酵中的"过酸化"现象、提高产沼气效率十分重要。本节研究选取新收割的马铃薯茎叶并在自然条件下风干一定时间，期间监测 WSC、CP、EE、中性洗涤纤维（neutral detergent fiber，NDF，包括半纤维素、纤维素、木质素和灰分）等含量的变化情况；并选取不同风干时间的马铃薯茎叶分别进行单物料中温厌氧发酵，通过日产气量、累积产气量、甲烷含量、pH 值等关键指标的比较，探索风干程度对产沼气效率的影响，为马铃薯茎叶这种重要生物质资源的资源化利用提供一定技术指导。

4.1.1　材料与方法

（1）试验材料

马铃薯茎叶取自山东省滕州市马铃薯产地，收取时间为 6 月（马铃薯采收期），分别自然风干不同时间后备用；接种物为取自养猪场厌氧沼气发酵设施的沼渣沼液混合物，4 ℃冷藏保存备用，使用前 35 ℃复苏 2 天；厌氧发酵物料的总固体（total solid，TS）含量、挥发性固体（volatile solid，VS）含量、总碳（total carbon，TC）含量、总氮（total nitrogen，TN）含量、碳氮比（C/N）、WSC 含量、CP 含量、EE 含量、NDF 含量等基本指标如表 4-1 所示。

表 4-1　厌氧发酵物料基本指标

物料	TS 含量	VS* 含量	TC 含量 /（g/kg）	TN 含量 /（g/kg）	C/N	WSC 含量	CP 含量	EE 含量	NDF 含量
新鲜马铃薯茎叶	13.58%	89.17%	395.10	15.42	25.62	5.16%	18.20%	4.25%	43.37%
接种物	4.20%	36.38%	298.20	26.95	11.06	—	—	—	—

注：* 以干物质质量计。

（2）厌氧发酵装置

试验采用批式发酵。厌氧发酵装置为发酵瓶、连接管和气体采样袋组成的发酵系统，即以 2.5 L 容积的玻璃瓶（具橡胶塞）作为发酵瓶，塞子上打孔并以玻璃弯管、橡胶管分别连接铝箔气体采样袋（大连普莱特气体包装有限公司）以收集发酵产生的气体；物料装载完毕后，将各发酵瓶连同气体采样袋放于 35 ℃恒温箱中培养；试验周期内，每天手工振荡玻璃瓶 2 次，以确保物料混合均匀、防止发酵液分层结壳。

（3）试验方案

1）马铃薯茎叶风干试验

马铃薯茎叶收取后，平铺于野外避雨通风处自然风干（温度25～35 ℃），分别风干0 h、12 h、24 h、36 h、48 h、60 h、72 h、84 h、96 h后取回，粉碎至5～10 mm片段后混合均匀，抽真空后置于4 ℃冰箱存放备用，分别测定样品WSC、CP、NDF含量等指标。试验结果为3组平行试验的算术平均值。

2）厌氧沼气发酵试验

共设置6组试验处理，分别为新鲜茎叶、风干24 h茎叶、风干48 h茎叶、风干72 h茎叶、风干96 h茎叶和接种物（对照组），分别记为T1、T2、T3、T4、T5、T0，每组均设置3个平行试验。除T0外，各处理组初始TS浓度均设置为5%（以马铃薯茎叶计），接种物加入量均为500.00 g，加水补充至2000.00 mL；T0只含500.00 g接种物、1500.00 mL无菌水，各组物料组成如表4-2所示。物料混合均匀后一次性加入发酵瓶，以N_2向瓶内顶部空间吹入2 min并迅速盖紧橡胶塞，以尽量排出空气制造缺氧环境。试验采用35 ℃中温发酵，试验周期为40天，试验期间每天定时收集气体采样袋以测量产气量及甲烷含量，每隔3天在密封状态下取发酵液测定pH值。

表4-2　各组物料组成

编号	处理组	马铃薯茎叶/g	接种物/g	无菌水/mL	物料总质量/g
T1	新鲜茎叶	736.38	500.00	763.62	2000.00
T2	风干24 h茎叶	411.52	500.00	1088.48	2000.00
T3	风干48 h茎叶	302.30	500.00	1197.70	2000.00
T4	风干72 h茎叶	247.59	500.00	1252.41	2000.00
T5	风干96 h茎叶	226.81	500.00	1273.19	2000.00
T0	接种物	0.00	500.00	1500.00	2000.00

（4）测定指标与方法

1）NDF含量

采用FOSS Fibertec 2010全自动纤维分析仪（FOSS，瑞典），参照范氏

（Van Soest）洗涤纤维法测定马铃薯茎叶的 NDF 含量。

2）产气量

采用湿式气体流量计（TG1，Ritter，德国）测定产气量。

3）甲烷含量

采用气相色谱仪（GC1100，北京普析通用仪器有限责任公司）测定甲烷含量，具体方法为载气使用高纯 H_2；热导检测器（TCD 检测器）设置进样口和检测器温度分别为 110 ℃和 150 ℃；色谱柱采用填充色谱柱（TDX-01，岛津，日本）；柱箱初始温度设为 40 ℃，保持 2 min 后以 10 ℃ /min 速度升温至 80 ℃并保持 1 min。

4）其他指标

TS 含量、VS 含量、pH 值均按照《水和废水监测分析方法》所述方法进行测定；WSC 含量测定采用硫酸 - 蒽酮比色法；CP 含量采用凯氏定氮仪测定（Kjel Master K-375，BUCHI，瑞士）；EE 含量采用乙醚索氏抽提法测定；TC、TN 含量采用总有机碳 / 有机氮分析仪（multi C/N TOC，耶拿，德国）测定。

4.1.2　结果与分析

（1）风干时间对马铃薯茎叶成分的影响

风干时间对马铃薯茎叶成分的影响如表 4-3 所示。马铃薯块茎收获时，植株发黄凋萎现象并不严重，其茎叶部分的含水量仍然较高，本节研究所使用新鲜马铃薯茎叶的初始 TS 含量为 13.58%，与杨永在、韦国杰、杨闻文等的研究结果接近。随风干时间的延长，马铃薯茎叶含水率逐渐降低，干物质含量逐渐升高，风干 96 h 时 TS 含量达到 44.09%。风干前期马铃薯茎叶失水速度较快，而后期则逐渐减慢，这可能是由于风干前期马铃薯茎叶细胞呼吸作用、蒸腾作用等生理活动仍然旺盛，主要失去的是大量细胞游离水；而风干后期细胞逐渐失活，细胞结构水逐渐流失。

表 4-3　马铃薯茎叶成分随风干时间的变化

风干时间 /h	TS 含量	WSC 含量	CP 含量	EE 含量	NDF 含量
0	13.58%	5.16%	18.20%	4.25%	43.37%
12	18.72%	4.85%	17.22%	3.98%	44.25%
24	24.30%	4.62%	16.48%	3.70%	44.96%
36	28.75%	4.46%	16.02%	3.53%	45.68%
48	33.08%	4.23%	15.47%	3.41%	46.12%
60	37.53%	4.11%	15.13%	3.27%	46.57%
72	40.39%	4.04%	14.80%	3.20%	46.80%
84	42.20%	3.98%	14.52%	3.10%	46.92%
96	44.09%	3.95%	14.37%	3.04%	47.08%

注：均以干物质质量计。

新鲜马铃薯茎叶含有丰富的 WSC、CP 和 EE 等营养成分，本节研究中新鲜马铃薯茎叶中 WSC、CP、EE 初始含量分别为 5.16%、18.20% 和 4.25%，相较于厌氧沼气发酵中常用的玉米秸秆，马铃薯茎叶 CP 含量明显较高，WSC 含量则明显较低，EE 含量则较为接近。随着自然风干的进行，马铃薯茎叶 WSC、CP、EE 含量均有一定程度降低，风干 96 h 时分别降至 3.95%、14.37% 和 3.04%，降低幅度分别达 23.45%、21.04% 和 28.47%。同失水情况类似的是，整个风干过程中 WSC、CP、EE 含量的减少速度逐渐放缓，这与植物细胞各种代谢活动逐渐减弱存在直接联系，同时由于水活度的降低，植株表面的土著微生物更加难以生存。

NDF 为植株中半纤维素、纤维素、木质素和灰分等难降解细胞结构组分的总和，较难被植物细胞自身和环境微生物分解，可在一定程度上代表植株的木质纤维化程度。自然风干过程中，在水分逐渐丧失，WSC、CP、EE 等易分解有机物含量逐渐降低的同时，马铃薯茎叶中 NDF 含量却有所增加。试验中，风干 96 h 时 NDF 含量达到 47.08%，较新鲜马铃薯茎叶增幅为 8.55%，这一方面是由于 WSC 等易分解有机物含量的降低而使得 NDF 含量相对升高；另一方面，随着时间的延长，木质纤维聚合度、结晶度逐渐升高，纤维素、半纤维素、木质素分子交联更加紧密，更难以被微生物所利用。探索合适的风干时间，对于马铃薯茎叶的资源化利用是十分必要的。

（2）厌氧发酵日产气量

对厌氧发酵过程中日产气量的变化进行了统计，结果如图 4-1 所示。除只含有接种物的对照组 T0（接种物）外，试验周期内各处理组均出现多个产气高峰，且在试验开始后第 1 天即迅速出现显著的"产气高峰"，日产气量分别达 1.45 L、1.32 L、1.24 L、1.30 L 和 1.15 L，均为各处理组日产气量最高峰。试验开始时气体的大量产生主要由马铃薯茎叶自身细胞生理活动、微生物分解代谢、蛋白酶活性作用等因素造成，结合图 4-3 可以发现，此时产生的气体中甲烷含量很低，且在第 1 天后各组日产气量均迅速降低，说明发酵体系尚未进入厌氧发酵的产甲烷阶段，此"产气高峰"并非真正的沼气产生高峰。

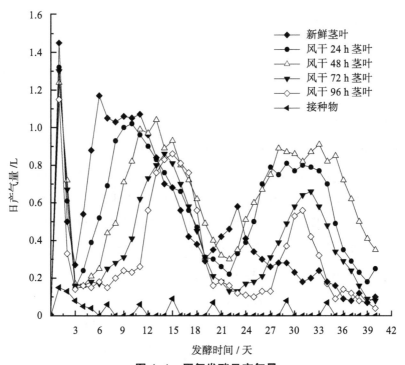

图 4-1　厌氧发酵日产气量

真正沼气产生高峰出现时，甲烷达到较高浓度。从图 4-1 可以发现，第 1 天后第一产气高峰出现时间随马铃薯茎叶风干程度加深而逐渐推迟：T1 组（新鲜茎叶）第一产气高峰出现时间最早，第 6 天时日产气量达 1.17 L；T2 组（风干 24 h 茎叶）第一产气高峰出现在第 10 天，达 1.02 L；T3 组（风干 48 h 茎叶）第一产气高峰出现在第 13 天，达 1.04 L；T4 组（风干 72 h 茎叶）第一产气高峰出现在第 14 天，为 0.86 L；T5 组（风干 96 h 茎叶）第一产气高峰出现时间最晚，第 15 天时日产气量为 0.86 L。植物材料风干程度越高，WSC、CP、EE 等易被发酵微生物快速利用的成分损耗越多，NDF 含量增加，同时植物材料含有的土著微生物数量也因水活度的降低而减少，一般而言原料木质化程度越深，厌氧发酵启动越缓慢。

各处理组在第一产气高峰出现后，随发酵时间延续均又出现 1～2 个次产气高峰。T1、T2、T3、T4 和 T5 处理组分别在第 23 天、第 27 天、第 28 天、第 32 天和第 31 天出现次产气高峰，次产气高峰日产气量分别为 0.58 L、0.79 L、0.89 L、0.66 L 和 0.56 L。可以发现除 T4 组外，随原料风干程度的加深，各处理组次产气高峰出现时间依次延后，与第一产气高峰的出现顺序基本一致。多项研究指出，秸秆类植物原料厌氧发酵时会出现不止一个产气高峰，本节研究结果符合这一规律。次产气高峰的产生往往是由于发酵原料中半纤维素、纤维素等难降解成分经多种微生物的复杂生理代谢，逐渐被分解利用。发酵原料风干程度越高，木质纤维化程度越高、微观结构越紧密，微生物菌群启动发酵所需时间越长、产气高峰出现时间越晚。值得注意的是，相对于其他组，T2 组和 T3 组次产气高峰维持时间较长，表现为一个高产气"平台期"，能够产生更多甲烷，这可能与 T2 组和 T3 组发酵体系 pH 值、VFAs、微生物菌群等关键发酵指标达到了较好的平衡有关。

（3）厌氧发酵累积产气量和 TS 产气率

以不同风干时间的马铃薯茎叶为原料进行厌氧发酵时，各处理组累积产气量的变化如图 4-2 所示。在 40 天的试验周期内，T1、T2、T3、T4 和 T5 组累积产气量分别为 20.21 L、23.67 L、26.05 L、16.29 L 和 12.93 L，其中 T3 组最高，T5 组最低，T3 组累积产气量为 T5 组的 2.01 倍。虽然在整个试验周期内，原料风干时间与厌氧发酵累积产气量之间不存在简单的线性关系，但在厌氧发酵的前中期（前 23 天），存在原料风干时间越短累积产气量越高的现象。由于发酵前中期沼气主要由原料中 WSC、CP、EE 等易利用组分发酵产生，风干时间越短这些易利用组分保留越多，因而产气量越高，这也与各处理组第一产气高峰的出现顺序基本吻合；而在发酵的中后期（23天后），随着原料中易利用组分的耗尽，沼气微生物菌群主要依靠较难分解的半纤维素、纤维素等产生沼气，此时原料风干时间分别为 24 h 和 48 h 的T2、T3 组产气量后来居上，累积产气量明显高于其他组。该现象说明发酵中后期沼气的产生受多种因素影响，并不完全取决于原料的木质化程度，还与发酵环境酸碱平衡、VFAs 浓度、微生物群落构成等多种因素有关。

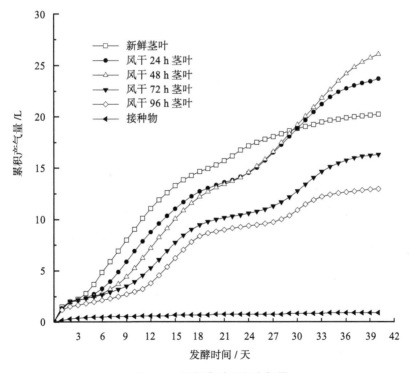

图 4-2　厌氧发酵累积产气量

TS 产气率可以反映不同物料在发酵周期内的沼气转化效率,一般 TS 产气率越高,物料产气潜力越大。综合来看,本节研究中扣除只含接种物的对照组 T0 后,T1、T2、T3、T4 和 T5 各组 TS 产气率分别为 193.30 mL/g、227.90 mL/g、251.70 mL/g、154.10 mL/g 和 120.50 mL/g,其中 T3 组 TS 产气率最高,产气效果较好。对马铃薯茎叶进行 48 h 左右的自然风干、降低其含水率后,虽然 WSC、CP、EE 等含量相对新鲜茎叶有所下降,木质化程度有一定提高,但用于厌氧沼气发酵却可以取得较优的产气效果。

（4）厌氧发酵过程甲烷含量变化

如图 4-3 所示,试验开始一段时间内,除 T0 组外,各处理组甲烷含量均能提升到 50%（体积分数）以上,在试验中后期略有下降但仍基本保持稳定,T1、T2、T3、T4 和 T5 组甲烷含量达到或超过 50% 所需时间分别为 7 天、8 天、9 天、10 天和 11 天,可见马铃薯茎叶风干时间越长,厌氧发酵甲烷含量提升越慢,但是各组间差异并不明显;同时,试验条件下各处理组所能达到的最高甲烷含量较为接近,T1、T2、T3、T4 和 T5 组最高甲烷含量分

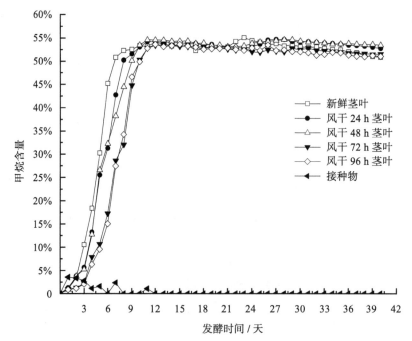

图 4-3　厌氧发酵甲烷含量变化

别为 55.05%、54.68%、54.62%、53.55% 和 53.60%，说明原料风干程度的差异对沼气的最高甲烷含量影响不大。另外，在 40 天的厌氧发酵周期内，尽管各处理组产气量和产气率存在较大差异，但均能达到较高的甲烷浓度并保持相对稳定，可认为试验条件下各处理组均能成功发酵产气，即新鲜和风干 24 h、48 h、72 h、96 h 的马铃薯茎叶均可用于厌氧发酵沼气生产之中。

（5）厌氧发酵过程 pH 值变化

按照经典的厌氧发酵过程三阶段理论，物料的厌氧消化主要分为"水解液化""产酸""产甲烷" 3 个阶段，即多糖、蛋白质大分子有机物在复杂微生物菌群的作用下，首先分解为单糖、氨基酸等小分子有机物，随后转变为丙酸、丁酸等多种有机酸和 CO_2，最后生成甲烷。3 个阶段紧密衔接，每个阶段各有发酵细菌、产酸细菌、产甲烷菌等不同种类的微生物发挥关键性作用。不同种类的微生物生存生长所需的最适环境 pH 值是不同的，但总体而言偏近于中性，Wu Q. L. 等认为 pH 值低于 5.0 时产甲烷菌活性会受到完全的抑制，因此确保发酵体系酸碱平衡是保证正常产气的必要条件。本节研究每隔 3 天对发酵过程中各处理组 pH 值变化进行测定，结果如图 4-4 所示。整体来看，除 T0 对照组外，各处理组 pH 值均呈"迅速降低—升高—小幅降低—升高—稳定"的"W"形变化趋势。在试验开始后 3 ～ 6 天，T1、T2、T3、T4 和 T5 组均达到发酵过程的最低 pH 值，各处理组最低 pH 值随原料风干程度增加而逐渐升高，分别为 5.92、6.05、6.12、6.24 和 6.48，这与原料风干程度升高，则 WSC、CP 等易利用组分含量降低、木质纤维化程度升高有关。有文献报道，用蔬菜废弃物、餐厨垃圾等易腐败原料进行厌氧发酵时，可能由于糖类、蛋白质等易利用组分被微生物过快水解而生成大量有机酸，pH 值迅速下降，超出发酵体系缓冲范围和产甲烷菌利用有机酸能力范围，从而出现"过酸化"现象，毒害整个沼气发酵微生物菌群而导致发酵产气失败。虽然试验开始阶段各处理组 pH 值降低幅度较大，但结合日产气量曲线（图 4-1）来看，各处理组均开始正常产气，未出现"过酸化"现象，说明此时的 pH 值仍在发酵体系的缓冲范围和产甲烷菌等功能微生物耐受范围之内。

一般而言，厌氧发酵过程中有机酸的产生是甲烷合成的重要前提条件。

本节研究中，结合图 4-1 和图 4-4 可以发现，产气高峰一般略晚于 pH 低值出现，如各组第一个 pH 低值出现在发酵的第 3～6 天，而第一产气高峰出现在第 6～15 天；第二个 pH 低值出现在第 21～27 天，而第二产气高峰则出现在第 23～32 天，说明有机酸产生之后，产甲烷菌迅速以其为底物进行了产甲烷活动，进而使体系 pH 值逐渐回升，整个发酵过程 pH 值呈"W"形波动。截至试验结束，各处理组 pH 值基本稳定在弱碱性范围，分别为 7.70、7.98、8.08、8.05 和 8.07，这可能与酸类不断消耗，而由氨基酸等含氮物质分解生成的 NH_4^+ 逐渐累积有一定关系。本节研究中，鉴于整个发酵过程中各处理组均未出现"过酸化"导致的发酵失败，因此不必通过额外添加碱性物质等手段对体系 pH 值进行稳定调节。

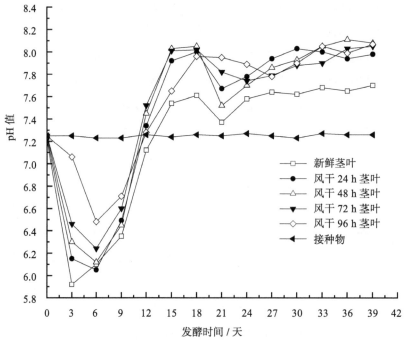

图 4-4　厌氧发酵过程 pH 值变化

4.1.3　讨论与结论

利用马铃薯茎叶等生物质资源厌氧发酵生产沼气，是实现农业固体废弃物资源化利用的重要方式。但新鲜茎叶含水量高、易腐败变质，干秸秆则木质化程度太深、可生化性较差，为解决该问题，我们研究了自然风干对马铃薯茎叶营养成分和厌氧发酵产沼气性能的影响。

厌氧沼气发酵是一个微生物主导的复杂生化过程，其中底物的可生化性直接关系着产气性能的高低。经分析测定，本节研究中新鲜马铃薯茎叶中 WSC、CP、EE 和 NDF 的含量分别为 5.16%、18.20%、4.25% 和 43.37%，其中 WSC、CP、EE 属于易利用组分，在发酵中优先被微生物分解利用；而 NDF 涵盖了纤维素、半纤维素等难降解成分，属难利用组分，一般在易利用组分耗尽后才逐渐得到分解利用。随风干时间的延长，由于植物细胞本身的生理代谢、老化死亡等因素，茎叶水分逐渐流失，WSC、CP、EE 等含量逐渐减少，而 NDF 含量逐渐升高，即整体呈现易利用组分减少而难利用组分升高的现象。显然，沼气发酵微生物对易利用组分的利用顺序优于难利用组分，该现象类似于微生物发酵中广泛存在的葡萄糖对乳糖、乙醇等其他底物抑制的"葡萄糖效应"。风干时间通过影响易利用组分、难利用组分的含量，来间接影响厌氧发酵产沼气的启动速度，本节研究中，新鲜茎叶，风干 24 h、48 h、72 h 和 96 h 的马铃薯茎叶处理组到达第一产气高峰的时间分别为第 6 天、第 10 天、第 13 天、第 14 天和第 15 天，符合"易利用组分含量越高，厌氧发酵产沼气启动速度越快"的规律。

但是，决定物料厌氧发酵产沼气性能的因素是多方面的，发酵启动速度只是其中之一。相对而言，累积产气量和 TS 产气率分别可以反映不同物料在发酵周期内的总产气量和沼气转化效率，也是十分重要的指标。由于多数沼气微生物生存的最适 pH 值接近中性，健康的发酵体系应是酸碱平衡的体系，而若底物中易利用组分过多，分解过快，则会导致 VFAs 等有机酸积累太多，虽然不一定达到"过酸化"的程度，但是也会一定程度上抑制多种功能微生物活性，特别是产甲烷菌的活性。本节研究中，可以发现，T3 组 TS 产气率最高，为 251.70 mL/g，较 T1 组增幅为 30.21%，是试验设置条件下的最优产气组。结合发酵过程 pH 值变化（图 4-4）可以发现，以新鲜茎叶为原料时，体系所达到的最低 pH 值为 5.92，最终 pH 值为 7.70；而以风干 48 h 马铃薯茎叶为原料时，体系所达到的最低 pH 值为 6.12，最终 pH 值为 8.08，均高于新鲜茎叶组，较为平稳的酸碱环境可能对发酵微生物菌群冲击较小。此外，随着发酵过程的进行，更多的木质纤维素等难利用组分逐渐被转化利用，表现为多个产气高峰的出现，这也是适当风干后的马铃薯茎叶产沼气性能优于新鲜马铃薯茎叶的原因之一。良好的酸碱平衡、VFAs 等重要中间产物的稳定产生和消耗，以及发酵微生物菌群的平稳演化，都是保障系统较高产气性能的重要条件。后续可以通过菌群高容量 DNA 测序、实时荧光活性分析等手段对发酵过程中各功能微生物菌群数量和活性变化等进行检测。

本节研究的具体结论如下。

（1）风干时间长短对马铃薯茎叶成分有显著影响：风干时间越久，WSC、CP、EE 等易利用组分含量越低，NDF 等难利用组分含量越高。

（2）风干时间显著影响马铃薯茎叶厌氧发酵启动速度，风干时间越久启动越慢；试验中可能出现多个产气高峰，这与微生物利用原料中不同组分的难易程度有关；风干时间对产气中甲烷含量影响不大，各处理组甲烷含量均可达 50% 以上并保持相对稳定；TS 产气率并不完全取决于风干程度，各处理组 TS 产气率由高到低依次为风干 48 h 茎叶、风干 24 h 茎叶、新鲜茎叶、风干 72 h 茎叶和风干 96 h 茎叶。

（3）马铃薯茎叶可作为合适的厌氧发酵原料，在 35 ℃中温条件下进行 40 天的批式厌氧发酵，TS 产气率最高可达 251.70 mL/g。鉴于风干时间对马铃薯茎叶产沼气效率的重要影响，实践中可选择对原料进行 48 h 左右的自然风干，降低含水率，既方便储存、避免腐败变质，又可在一定程度上增加沼气产量，提高原料利用率。

4.2　原料预处理对产沼气性能的影响

随着我国农牧业转型升级逐渐深入，效率更高的集约化、规模化生产方式日益得到推广，比例不断提升。然而，与此相对应的是秸秆、尾菜、禽畜粪便等农牧业废弃物集中大量产生，极易超出当地自然环境的承载能力，引发一系列生态环境问题。厌氧沼气发酵是一种有效的废弃物资源化利用方式，该方式既可产出大量沼气，又可产生有肥料利用价值的沼渣、沼液，实现对农牧业废弃物的高效利用。然而，由于农牧业生产的季节性、地区性等不确定性因素较多，众多沼气工程的原料来源往往不能得到长期稳定的保证，易出现开工不足、生产潜力无法发挥等问题，严重影响了行业健康发展。

作为沼气技术领先者，德国沼气产业发展多有值得我国借鉴之处。德国纬度与我国黑龙江省所在纬度相当，多数农作物为"一年一熟"，青贮玉米和其他谷物分别约占沼气发酵原料的 70% 和 8%，青贮是保存植物有机成分、确保原料来源稳定的主要方式。我国地域更为广阔、气候多样，虽然沼气工程原料来源与德国存在较大差异，但青贮亦可作为秸秆、尾菜等众多植物性原料保存有机成分的重要方式。

青贮过程中有机物料的成分、品质等均会随时间延长而发生不同变化，进而对厌氧发酵产沼气性能产生重要影响。Herrmann 等对玉米、高粱、小麦、黑麦 4 种作物进行不同时长的青贮后，分别用于厌氧沼气发酵，发现青贮时间对不同类型原料单位产甲烷量的影响不尽相同：玉米、高粱随青贮时间的延长，单位产甲烷量逐渐升高；而小麦、黑麦的单位产甲烷量则随青贮时间延长，呈先升高后降低的趋势；Neureiter 等以全株玉米为原料，研究了乳酸菌制剂、淀粉酶、丁酸梭菌等不同添加剂和青贮时间对厌氧发酵产沼气的影响，发现虽然青贮过程中有机成分有一定损失，但产甲烷效率却有提高；Pakarinen 等对混播草和黑麦分别进行不同时间的青贮后用于厌氧发酵，发现青贮物料组虽然相对于新鲜物料组单位产气量有所下降，但仍能有效保存大部分有机物质。青贮过程中有机物质总量逐渐减少的同时，WSC、CP、

EE 和 NDF 等不同组分也会发生不同转变，而由于沼气微生物对各种组分分解利用的难易程度不同，表现为不同物料厌氧发酵产沼气性能的差异。

马铃薯是一种重要的粮食和经济作物，我国马铃薯种植范围和产量均居世界首位，多年来在内蒙古、黑龙江等地形成了集中连片的规模化种植区域。然而，规模化种植在提高生产效率、增加农民收入的同时，会造成马铃薯茎叶等副产品短时间内的大量累积，如果不加处理，任由其堆放在田间地头腐败变质，不仅污染了环境，还浪费了宝贵的生物质资源。马铃薯茎叶生物量与营养性块茎相当，干物质中 WSC 含量为 2%～7%，CP 含量为 11%～26%，EE 含量为 2.5%～4.8%，NDF 含量为 28%～47%，青贮可以较大程度地保存马铃薯茎叶有机物质，并改善成分、结构特性，进而应用于饲料化、能源化等方向。杨闻文等以米糠、玉米秸秆等为添加物，徐亚姣等通过添加酶制剂、乳酸菌等及降低物料含水率，均不同程度地提高了马铃薯茎叶的青贮品质。但需要注意的是，以厌氧沼气发酵为应用目标进行青贮时，技术侧重点与饲料加工并不相同，动物营养、适口度、风味等饲料评定的标准往往并不适用于厌氧沼气发酵。特别是为保障沼气工程原料的周年均衡供应，青贮时间对不同原料青贮品质及产气性能的影响可能需要重新考量。

由于缓冲能力强、WSC 含量较低、含水量较高等原因，马铃薯茎叶单独自然青贮往往品质不佳，易出现 pH 值过高、乳酸含量过低和腐败等情况。实践中常常需要使用不同类型的青贮添加剂或与其他植物原料混合青贮，以调控青贮进程和提高青贮质量。有研究表明，丙酸具有抗真菌、抑制腐败、促进乳酸菌生长等优良作用。综上所述，本节研究以丙酸为青贮添加剂，对新鲜马铃薯茎叶进行不同时长的青贮，探究青贮时间对马铃薯茎叶厌氧发酵产沼气性能的影响，以促进这类生物质资源的有效利用。

4.2.1 材料与方法

（1）试验材料

马铃薯茎叶取自山东市滕州市马铃薯种植区，采收时间为 6 月（马铃薯收获季）；厌氧沼气发酵接种物沼渣取自山东省某猪场厌氧沼气发酵装置，于 4 ℃下冷藏，使用前用 35 ℃温箱复苏 2 h；丙酸为分析纯产品，购自国药集团化学试剂有限公司。TS 含量、VS 含量、C/N 等马铃薯茎叶及接种物物料基本指标如表 4-4 所示。

表 4-4　厌氧沼气发酵物料基本指标

物料	TS 含量	VS* 含量	C/N	WSC 含量	CP 含量	EE 含量	NDF 含量
马铃薯茎叶	13.64%	89.21%	25.52	5.18%	18.32%	4.25%	43.50%
接种物	4.55%	37.28%	10.84	—	—	—	—

注：* 以干物质质量计。

（2）试验设计

1）青贮试验设计

试验设置 4 个青贮组和 1 个对照组，分别为马铃薯茎叶青贮 30 天、60 天、120 天、180 天和新鲜茎叶，每组设置 3 个平行试验，具体为将刚采收的马铃薯茎叶切割粉碎至 1～3 cm 的片段，按 0.2%（wt/wt）的比例加入丙酸并混合均匀，装入聚乙烯自封袋，每袋 1000 g，共 15 袋，抽真空后密封，室温条件下（22.0～27.0 ℃）分别贮存规定时间（30～180 天）后，取样测定样品理化性质，其余物料于 -20 ℃下统一冻存备用。

2）厌氧沼气发酵试验设计

厌氧沼气发酵试验设置 5 个试验组，发酵原料分别为青贮 30 天、60 天、120 天和 180 天的马铃薯茎叶及新鲜茎叶（对照组），分别记为 T1、T2、T3、T4 和 CK，每组设置 3 个平行试验，试验采用批式发酵，厌氧发酵装置由发酵瓶、乳胶连接管和集气袋组成，发酵瓶为容积为 2.5 L 的具塞玻璃瓶，塞上打孔并以玻璃管、乳胶连接管与集气袋连接；不同青贮时间的马铃薯茎叶解冻恢复至室温，统一设置各组初始 TS 浓度为 5%（以马铃薯茎叶计），各组厌氧沼气发酵接种物用量均为 500.00 g，加无菌水补足至 2000.00 mL，物料组成如表 4-5 所示；充分混匀各组物料、接种物，一次性加入发酵瓶，向顶部空间吹入高纯 N₂ 持续 2 min 后迅速塞紧胶塞，尽量排除残存空气；将发酵瓶连接集气袋后放入 35 ℃恒温培养箱，进行周期为 40 天的厌氧沼气发酵。试验周期内，每天人工振荡发酵瓶 2 次，每天定时收集气体测定产沼气量、甲烷含量等指标，每隔 3 天抽取发酵液测定 pH 值等指标。

表 4-5　厌氧沼气发酵物料组成

编号	处理组	马铃薯茎叶 /g	无菌水 /mL	接种物 /g	物料总质量 /g
T1	青贮 30 天茎叶	745.16	754.84	500.00	2000.00
T2	青贮 60 天茎叶	754.72	745.28	500.00	2000.00
T3	青贮 120 天茎叶	772.80	727.20	500.00	2000.00
T4	青贮 180 天茎叶	784.93	715.07	500.00	2000.00
CK	新鲜茎叶	733.14	766.86	500.00	2000.00

3）测定指标与方法

TS、VS 含量采用烘干失重法测定；总碳含量使用德国耶拿 multi C/N TOC 型总有机碳 / 有机氮分析仪测定；WSC 含量采用硫酸 - 蒽酮比色法测定；氨氮、总氮、CP 含量使用瑞士布琦 Kjel Master K-375 型凯氏定氮仪测定；EE 含量采用乙醚索氏抽提法测定；NDF 含量采用范式洗涤纤维法测定；产沼气量使用德国 Ritter TG1 型湿式气体流量计测定；pH 值使用上海雷磁 PH-3C 型 pH 值计测定，其中青贮物料 pH 值的测定：取样品 20 g，加入 180 g 去离子水，匀浆器打匀、过滤后测定；甲烷含量使用北京普析 GC1100 型气相色谱仪测定；乳酸（lactic acid，LA）含量使用日本岛津 10A 型高效液相色谱测定；乙酸（acetic acid，AA）、丙酸（propanoic acid，PA）、丁酸（butyric acid，BA）含量使用日本岛津 GC2014 型气相色谱仪测定。

4）数据处理

采用 Microsoft Excel 2013 和 Origin 2018 软件进行数据计算和绘图，采用 SPSS 22.0 软件对数据进行方差分析。

4.2.2　结果与分析

（1）马铃薯茎叶成分随青贮时间的变化

如表 4-6 所示，青贮 30 天、60 天、120 天和 180 天马铃薯茎叶 TS 含量分别为 13.42%±0.02%、13.25%±0.06%、12.94%±0.05% 和 12.74%±0.04%，较新鲜马铃薯茎叶降幅分别为 1.61%、2.86%、5.13% 和 6.60%；VS 含量分别为 88.50%±0.23%、87.92%±0.19%、85.38%±0.15% 和 83.10%±0.24%，较新鲜马铃薯茎叶降幅分别为 0.80%、1.45%、4.29% 和 6.85%，说明随青贮时间延长，单位质量马铃薯茎叶的 TS 和 VS 损失逐渐增多；WSC 是植株中较易被微生物分解利用的物质，青贮过程中 WSC 含量下降显著（$P < 0.05$），青贮 30 天、60 天、120 天和 180 天时 WSC 含量下降幅度分别为 21.62%、37.84%、46.33% 和 50.77%；本节研究的青贮过程中 CP、EE 含量存在先降低又升高的现象，该现象可能与物料分解、青贮微生物生长积累等因素有关，相比新鲜马铃薯茎叶，青贮 30 天、60 天、120 天、180 天时 CP 和 EE 含量变化幅度分别为 –6.00%、3.38%、4.42%、5.24% 和 –6.82%、–3.06%、–0.71%、1.41%；NDF 为包含半纤维素、纤维素、木质素等的植株结构部分，青贮 30 天、60 天、120 天和 180 天时 NDF 含量下降幅度分别为 11.82%、12.69%、13.38% 和 13.47%，含量逐渐降低。

表 4-6　青贮时间对马铃薯茎叶成分含量的影响

成分	青贮时间 / 天				
	0	30	60	120	180
TS	13.64%±0.04%a	13.42%±0.02%b	13.25%±0.06%c	12.94%±0.05%d	12.74%±0.04%e
VS*	89.21%±0.09%a	88.50%±0.23%b	87.92%±0.19%c	85.38%±0.15%d	83.10%±0.24%e
WSC*	5.18%±0.03%a	4.06%±0.08%b	3.22%±0.04%c	2.78%±0.04%d	2.55%±0.06%e
CP*	18.32%±0.03%c	17.22%±0.11%d	18.94%±0.17%b	19.13%±0.09%a	19.28%±0.09%a
EE*	4.25%±0.03%a	3.96%±0.06%b	4.12%±0.12%a	4.22%±0.06%a	4.31%±0.05%a
NDF*	43.50%±0.09%a	38.36%±0.22%b	37.98%±0.15%c	37.68%±0.08%d	37.64%±0.04%d

注：* 以干物质质量计；同行不同小写字母表示不同处理在 $P < 0.05$ 的水平差异显著，下同。

（2）青贮过程中 pH 值、有机酸含量和氨氮与总氮的比值变化

如表 4-7 所示，随青贮时间延长，青贮体系 pH 值由 6.25 ± 0.00 迅速降低至 4.18 ± 0.03 后逐渐稳定且存在一定波动，至青贮 180 天试验结束时 pH 值为 4.32 ± 0.03；乳酸（LA）是缺氧条件下乳酸菌等青贮微生物的主要代谢产物，本试验中，青贮 0～120 天内乳酸含量变化均不显著（$P > 0.05$），180 天时有显著下降（$P < 0.05$）；试验周期内，乙酸（AA）含量随时间延长逐渐增加，特别是在试验后期（180 天）时增长最为显著（$P < 0.05$）；丙酸（PA）为本试验主要添加的化学物质，随试验进行含量逐渐降低，60 天、120 天和 180 天时较 30 天时降幅分别为 14.18%、19.45% 和 37.25%；丁酸（BA）是青贮中需要尽量避免生成的物质，在本节研究共 180 天的试验周期内未检测到丁酸的生成；青贮中氨氮主要由物料中蛋白质、多肽、氨基酸等含氮物质分解产生，氨氮与总氮的比值可反映这些含氮物质的分解情况，本试验中氨氮与总氮的比值呈逐渐升高的趋势，其中 30～60 天时氨氮与总氮的比值变化不显著（$P > 0.05$），其他时间段氨氮与总氮的比值变化较明显（$P < 0.05$）。

表 4-7　青贮过程中 pH 值、有机酸含量和氨氮与总氮的比值变化

成分指标	青贮时间 / 天				
	0	30	60	120	180
pH 值	6.25 ± 0.00a	4.18 ± 0.03 d	4.12 ± 0.02 d	4.25 ± 0.03c	4.32 ± 0.03b
LA 含量 /（g/kg）	—	38.69 ± 1.54a	39.94 ± 1.56a	38.41 ± 1.18a	34.01 ± 1.82b
AA 含量 /（g/kg）	—	7.22 ± 0.41c	8.06 ± 0.30bc	8.26 ± 0.69b	9.54 ± 0.58a
PA 含量 /（g/kg）	—	9.10 ± 0.33a	7.81 ± 0.22b	7.33 ± 0.19b	5.71 ± 0.36c
BA 含量 /（g/kg）	—	0	0	0	0
氨氮与总氮的比值	0.76% ± 0.08%d	2.69% ± 0.04%c	2.99% ± 0.14%c	3.67% ± 0.38%b	5.85% ± 0.28%a

（3）厌氧发酵沼液 pH 值变化

厌氧发酵沼液 pH 值的变化如图 4-5 所示，各处理组 pH 值均在试验开始后迅速下降，第 6 天时达到最低点，CK（新鲜茎叶）对照组最低 pH 值为

5.91，而以青贮马铃薯茎叶为原料的 T1（青贮 30 天茎叶）、T2（青贮 60 天茎叶）、T3（青贮 120 天茎叶）和 T4（青贮 180 天茎叶）试验组最低 pH 值分别为 5.66、5.45、5.73、5.70，均显著低于 CK 组，其中 T2 试验组降幅最大；此后在发酵系统中氨氮等缓冲因素作用下，各处理组 pH 值逐渐上升至 7.5 以上，并存在一定波动，试验开始 21 天后 T1、T2、T3 和 T4 试验组 pH 值均高于 CK 对照组。说明青贮在降低马铃薯茎叶厌氧发酵最低 pH 值后，也能够提高发酵后期 pH 值。

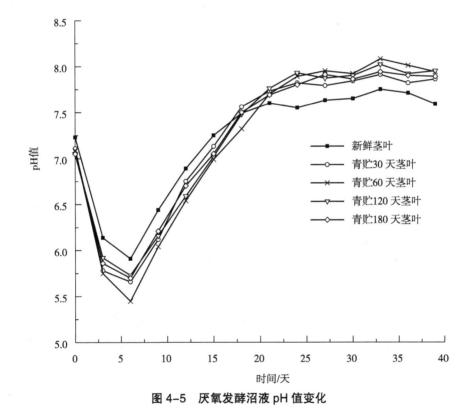

图 4-5　厌氧发酵沼液 pH 值变化

（4）原料青贮时间对日产气量的影响

如图 4-6 所示，40 天的试验周期内，随发酵时间推移，各处理组日产气量均呈波动降低的趋势，有多个产气高峰出现。各处理组均在试验开始的第 1 天出现一个"产气高峰"，但结合甲烷含量可见，此时产生的气体中甲烷含量很低，可能主要由发酵体系中蛋白质、多糖等大分子有机物的微生物分解作用产生；之后经不同时间，各处理组逐渐进入产生甲烷的主产气阶段，其中以新鲜马铃薯茎叶为原料的 CK 组在第 6 天出现高甲烷浓度的第二个产气高峰，日产气量为 1.37 L；而分别以青贮 30 天、60 天、120 天、180 天马铃薯茎叶为原料的 T1、T2、T3 和 T4 组则均在第 5 天出现第二个产气高峰，日产气量分别为 1.54 L、1.68 L、1.79 L 和 1.83 L，比 CK 组提前 1 天，产气启动速度更快；由于发酵原料成分组成的复杂性，各处理组此后均又出现多个产气高峰，但日产气量在波动中逐渐降低，至试验第 40 天时产气已趋于停止，各组日产气量变化趋势较为接近。

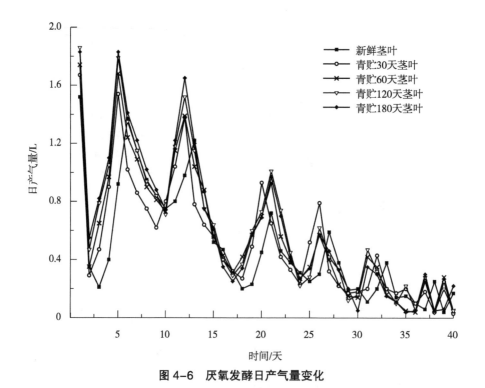

图 4-6　厌氧发酵日产气量变化

（5）原料青贮时间对累积产气量的影响

如图 4-7 所示，40 天的厌氧发酵试验周期内，CK 对照组及 T1、T2、T3、T4 试验组累积产气量分别为 19.80 L 和 21.36 L、23.37 L、24.86 L、

24.97 L。相对于新鲜马铃薯茎叶，以青贮 30 天、60 天、120 天、180 天马铃薯茎叶为原料时，厌氧发酵累积产气量分别提高 7.88%、18.03%、25.56% 和 26.11%，说明试验周期内，随马铃薯茎叶青贮时间延长，厌氧发酵累积产气量逐渐升高。

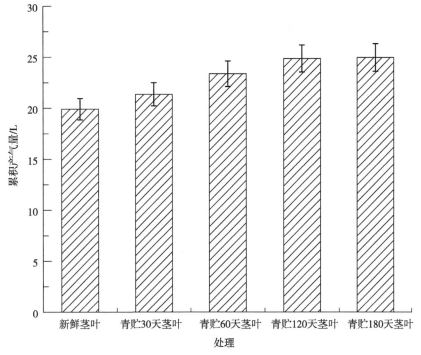

图 4-7　厌氧发酵累积产气量

（6）原料青贮时间对甲烷含量的影响

马铃薯茎叶青贮时间对厌氧发酵甲烷含量的影响如图 4-8 所示，40 天试验周期内各处理组甲烷含量均呈"升高—稳定—降低"的变化趋势。各处理组甲烷含量均在第 6 天时超过 50%，T1、T2、T3 和 T4 试验组厌氧发酵所能达到的最高甲烷含量分别为 58.36%、60.17%、60.32% 和 60.15%，均显著高于 CK 对照组（55.39%）；发酵末期，随着产气量的减少，CK 对照组甲烷含量在第 36 天低于 50%，而 T1、T2、T3 和 T4 试验组甲烷含量则均在第 39 天低于 50%，说明对马铃薯茎叶进行青贮处理能够提高厌氧发酵产气甲烷含

73

量，提高沼气品质。同时可以发现，青贮时间从 30 天延长到 60 天时甲烷含量有一定提高，而继续延长青贮时间至 180 天时，对甲烷含量影响不大。

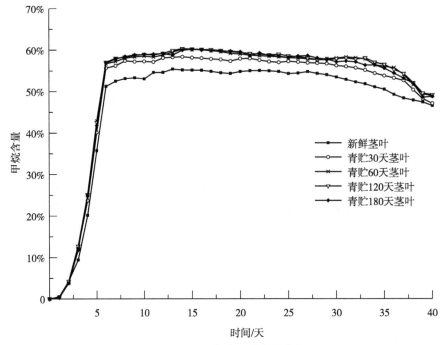

图 4-8　厌氧发酵甲烷含量变化

4.2.3　讨论

马铃薯茎叶作为一种营养丰富、存量巨大的农业固体废弃物，近年来已成为沼气工程的重要原料来源，然而由于马铃薯收获的地域性、季节性因素，其产生相对"集中"，须通过一定方式进行长期保存才能满足沼气产业稳定发展的需要。青贮作为一种传统的饲草保藏方式，同样适用于作物秸秆、尾菜等的保质贮存，对于解决沼气产业发展中"原料不足"的瓶颈问题有很大帮助。然而，在青贮过程中，物料成分可能随时间推移发生各种变化，进而对产沼气特性产生不同影响，物料种类、青贮条件等因素差异可能导致完全相反的结论。

为探明不同青贮时间对马铃薯茎叶厌氧发酵产沼气性能的影响，本节研究首先对青贮 30 天、60 天、120 天和 180 天马铃薯茎叶成分与新鲜马铃薯茎叶进行了比较。青贮过程中，TS、VS 含量均有一定降低，如 180 天时 TS、VS 含量降幅分别为 6.60%、6.85%，说明有机物质在青贮过程中有所损失，这部分损失可能来自 WSC 等易降解成分和 NDF 等难降解成分，180 天时 WSC 和 NDF 含量降幅分别为 50.77%、13.47%。WSC、NDF 均是厌氧沼气发酵的重要能量来源，WSC 可被发酵微生物直接利用，其减少不利于沼气产生，而 NDF 的适度分解能够起到"预处理"的效果，提高产沼气性能，因此青贮过程中 WSC 和 NDF 减少对厌氧沼气发酵的影响需要综合考虑。

pH 值迅速降低、乳酸大量产生及乙酸、氨氮与总氮的比值控制在一定范围内等是青贮成功的重要标志。在本节研究的 180 天的试验周期内，pH 值迅速降至 4.18 ± 0.03 后始终维持在较低水平，乳酸含量始终在 30 g/kg 以上，乙酸含量和氨氮与总氮的比值始终在 10 g/kg 和 6% 以下，说明青贮品质控制良好。丁酸主要由酪酸菌、霉菌等腐败微生物分解蛋白质、乳酸等产生，无论对于青贮本身，还是对于后续厌氧发酵都是有害因素，本青贮过程中丁酸含量始终为 0，进一步说明青贮中按 0.2% 的比例加入丙酸对促进酸化、控制杂菌起到了良好的效果。

不同青贮时间的马铃薯茎叶应用于厌氧沼气发酵时，相对于新鲜茎叶原料，发酵前期沼液 pH 值降幅更大，说明 VFAs 产生量更高，体系酸化程度更深，也更加有利于甲烷微生物利用 VFAs 产生甲烷；此后各青贮原料组 pH 值能够恢复到更高的水平，也反映了以青贮马铃薯茎叶为发酵原料时，系统缓冲能力更强，有机酸消耗更快，更有利于沼气微生物菌群的生存。由图 4-6 可知，以不同青贮时间马铃薯茎叶为原料时，日产气量曲线与新鲜马铃薯茎叶相似，均存在多个产气高峰，该现象可能是由物料中可溶性糖、半纤维素、纤维素等不同组分逐次降解、有机酸波段产生等因素造成，青贮能够起到"预处理"的效果，降低物料复杂程度，可在一定程度上加速发酵的启动，与付广青等的研究结果接近。

累积产沼气量、甲烷含量是衡量物料厌氧发酵产沼气性能的关键指标。如图 4-7 和图 4-8 所示，以青贮 30 天、60 天、120 天、180 天马铃薯茎叶为发酵原料时，累积产沼气量分别较新鲜马铃薯茎叶组提高 7.88%、18.03%、25.56% 和 26.11%，最高甲烷含量增幅分别为 5.36%、8.63%、8.90% 和 8.59%，说明在固定各实验组发酵原料 TS 浓度的前提下，180 天内随马铃薯茎叶青贮时间延长，厌氧发酵累积产沼气量逐渐提高，同时最高甲烷含量比新鲜马铃薯茎叶对照组有显著提高，即适当延长青贮时间可提高单位 TS 青贮物料的累积产沼气量和甲烷含量。

4.2.4 结论

试验结果表明，按 0.2% 的比例加入丙酸的条件下对马铃薯茎叶进行青贮操作，180 天内能较好地保存其有机物质，确保厌氧沼气发酵潜力。

（1）青贮过程中，马铃薯茎叶 CP、EE 含量在减少后有一定升高，而 TS、VS、WSC、NDF 含量等均有所降低，主要有机成分随青贮时间增加而逐渐损失；30～180 天青贮周期内，pH 值下降后逐渐稳定在 4.10～4.40，乳酸、丙酸含量虽有下降但仍维持在 30 g/kg 和 5 g/kg 以上，乙酸含量、氨氮与总氮的比值虽逐渐上升但仍然较低，丁酸含量始终为 0，青贮品质良好。

（2）厌氧发酵过程中，各处理组 pH 值均呈"下降—升高—稳定"的变化趋势，其中以青贮马铃薯茎叶为原料的各试验组最低 pH 值分别为 5.66、5.45、5.73、5.70，均显著低于新鲜马铃薯茎叶对照组（5.91），而发酵后期各试验组 pH 值则显著高于对照组，说明发酵前期青贮原料酸化更迅速，发酵后期体系酸碱更平衡。

（3）厌氧发酵过程中，各处理组均出现多个"产气高峰"，原料青贮可提高最高日产气量，缩短产甲烷启动时间；以青贮 30 天、60 天、120 天、180 天马铃薯茎叶为原料时，相比新鲜马铃薯茎叶，累积产沼气量可分别提高 7.88%、18.03%、25.56% 和 26.11%；同时，青贮可显著提高马铃薯茎叶厌氧发酵所产沼气的甲烷含量。

利用马铃薯茎叶等农业有机废弃物进行厌氧沼气发酵，对解决农村地区能源短缺和环境污染问题具有双重意义。本节研究尝试利用青贮手段保存马铃薯茎叶的有机物质，在一定程度上提高了其厌氧发酵性能，可有效缓解新鲜马铃薯茎叶不易保存和沼气工程原料缺乏的突出矛盾，对其他产量巨大、季节性明显的蔬菜废弃物、作物秸秆等生物质资源的沼气化利用有一定借鉴意义。同时，应注意青贮过程受青贮时间、物料种类、添加剂类型等因素影响较大，仍需要根据不同类型的生物质资源分别开展针对性研究。

4.3　发酵接种比对产沼气性能的影响

随着市场需求的不断扩大和农业生产技术的飞速发展，近年来，我国蔬菜产业取得了长足进步，蔬菜已成为仅次于粮食的第二大类农作物。据国家统计局统计年鉴，2018 年我国各类蔬菜种植面积逾 2000 万公顷，年产量超 7 亿 t，均居世界首位。山东、辽宁等蔬菜产业大省已形成集育种、栽培、采收、加工、运输等不同环节于一体的完整产业链，不仅可供应区域内市场，而且可满足全国及国外消费者的不同需求。然而，蔬菜产业链的各环节中大量尾菜的产生难以避免，已成为影响城乡生态环保和人居环境的重要因素。尾菜是指蔬菜产业各环节中产生的无商品价值的残叶、烂果、枯枝、藤蔓等农业固体废弃物，其总量甚至可达蔬菜产量的 30% 以上。大量尾菜堆积在田间地头、加工厂和菜市场等场所，如果任其腐败变质、滋生蚊蝇，不仅严重影响环境卫生，而且造成资源的巨大浪费。其中，白菜、莴苣、芹菜等叶菜类产生的尾菜含水量高，糖类、蛋白质等组分丰富，更难以长期储存和运输，极易腐败变质，进而引发废气、污水、恶臭等各种环境问题，亟须进行合理的无害化和资源化处理。目前，常用的处理途径主要有饲料化、能源化、肥料化、基质化和材料化等方式，其中，以厌氧沼气发酵为代表的能源化利用方式对尾菜品质要求不高，可实现对虫卵、植物病菌的高效灭杀，沼渣和沼液可作为优质肥料，尤其适合在露地蔬菜、设施蔬菜等不同类型蔬菜种植密集区推广。

然而，由于叶菜类尾菜自身具有极易被微生物分解、利用的显著特点，厌氧沼气发酵中易出现消化速度过快、大分子有机物迅速转化为丙酸、乙酸等挥发性脂肪酸（volatile fatty acids，VFAs）的情况，超出了乙酸营养型产甲烷菌为主的沼气微生物菌群的利用能力，在短时间内导致 VFAs 的超量累积，环境 pH 值迅速下降至沼气微生物菌群忍受阈值以下，导致产气停止，出现所谓的"过酸化"现象。该现象在以蔬菜废弃物为原料的沼气发酵工程中时有出现，常表现为有机负荷陡升引起的发酵失败，其正常发酵的保持和恢复需要耗费大量的人力物力，往往需要在发酵过程中投加碱性物质、更换发酵菌群等，手段繁复且效果不稳定。如果在发酵的初始阶段即对"过酸化"现象进行预防，稳定厌氧发酵进程，可减少中间人工干预的环节，从根本上保证发酵产气的正常进行。目前，常见的预防"过酸化"的措施主要从底物构成、发酵工艺和接种物等角度着手，分为使用不同物料混合发酵、新型厌氧发酵工艺和使用富含氢营养型产甲烷菌的接种物等不同方式。但是，这些方式往往会受到原料来源、技术设备、接种物获取等方面的限制。有研究发现，在厌氧发酵中采用适当的接种比可以有效避免"过酸化"等不良现象，取得不错的产气效果。例如，陈智远等在研究玉米秸秆厌氧发酵时发现，提高接种量可以有效防止发酵前期偏酸，并缩短发酵启动时间；任海伟等在研究不同接种量对青贮玉米秸秆与牛粪混合消化产沼气性能的影响时发现，30% 的接种量相对于 20% 和 25% 的接种量，发酵时秸秆木质纤维结构破坏最严重，产气效果最好。

为促进农业固体废弃物沼气化合理利用，结合山东省蔬菜种植区叶菜类尾菜资源丰富的特点，本试验以收获后丢弃的白菜、芹菜和莴苣混合尾菜为原料，以猪粪厌氧发酵后的沼渣和沼液为接种物，研究了不同接种比对厌氧发酵产沼气性能的影响，以及发酵过程中丙酸、乙酸、氨氮、pH 值等重要参数的变化，以避免"过酸化"不利影响、提高产沼气效率。

4.3.1　材料与方法

（1）试验材料

发酵原料叶菜类尾菜，为收获后丢弃的白菜、芹菜和莴苣混合尾菜，取自山东省某设施菜田，粉碎至 1～2 cm 颗粒；接种物为猪粪厌氧发酵后的沼渣沼液混合物；发酵物料及接种物的 TS 含量、VS 含量、TC 含量、TN 含量、C/N、WSC 含量、CP 含量、EE 含量、粗纤维（crude fiber，CF）含量等基本指标如表 4-8 所示。

表 4-8　发酵物料基本指标

物料	TS 含量	VS* 含量	TC含量 / （g/kg）	TN含量 / （g/kg）	C/N	WSC 含量	CP 含量	EE 含量	CF 含量
叶菜类尾菜	6.76%	87.65%	374.80	24.18	15.50	4.53%	12.41%	3.25%	10.78%
接种物	4.50%	36.10%	301.08	27.22	11.06	—	—	—	—

注：* 以干物质量计。

（2）发酵装置

试验装置主要由发酵瓶、集气袋和培养箱组成，发酵瓶为 2.5 L 具橡胶塞玻璃瓶，橡胶塞上打双孔，分别用于发酵液采样和连接集气袋；集气袋为 5 L 铝箔气体采样袋（大连普莱特气体包装有限公司）；发酵瓶、集气袋之间以玻璃弯管、橡胶管连接；发酵物料装载并混匀后，将发酵瓶和集气袋整体移入培养箱，设置温度为 35 ℃；试验期间每天手动摇动发酵瓶两次，确保发酵物料混合均匀，并防止发酵液分层、结壳。

（3）试验设计

试验采用中温厌氧发酵，发酵温度为 35 ℃，运行周期为 30 天；根据接种比（接种物与所有发酵物料的质量百分比）的不同，共设 4 个处理组，接种比分别为 10%、20%、30%、40%，同时设置 1 个只含接种物的对照组，分别记为 T1、T2、T3、T4 和 T0，每组均设 3 个平行试验；试验各发酵瓶总装样量均为 2000.0 g，尾菜均为 500.0 g，尾菜和接种物装入后，均以无菌水补足至 2000.0 g，发酵瓶上部留出空间为产气室；所有物料一次性装入后，充分混匀，用 N_2 向发酵瓶内上部空间连续吹入 2 min 以排出空气；试验周期内每天采集气体测定产沼气量和甲烷浓度，每 3 天抽取发酵液测定 pH 值、乙酸、丙酸等化学指标。具体发酵物料组成如表 4-9 所示。

表 4-9　发酵物料组成

处理组	接种比	叶菜类尾菜 /g	接种物 /g	无菌水 /mL	物料总质量 /g
T1	10%	500.0	200.0	1300.0	2000.0
T2	20%	500.0	400.0	1100.0	2000.0
T3	30%	500.0	600.0	900.0	2000.0
T4	40%	500.0	800.0	700.0	2000.0
T0	—	0	1000.0	1000.0	2000.0

（4）指标测定

产沼气量采用湿式气体流量计（TG1，Ritter，德国）测定；甲烷浓度采用气相色谱仪（GC1100，北京普析通用仪器有限责任公司）测定，色谱方法设置为使用填充色谱柱（TDX-01，岛津，日本），以高纯 H_2 为载气，使用热导检测器（TCD 检测器），分别设置仪器进样口、检测器温度为 110 ℃、150 ℃，柱箱初始温度设为 40 ℃，保持 2 min 后以 10 ℃/min 的速度升温至 80 ℃并保持 1 min；丙酸、乙酸浓度采用气相色谱仪（GC2014，岛津，日本）测定，色谱条件为：使用毛细管柱（DB-WAX，安捷伦，美国），以高纯 N_2 为载气，使用氢离子火焰检测器（FID检测器），分别设置仪器进样口、检测器温度为 250 ℃、300 ℃，柱箱初始温度设置为 110 ℃，保持 1 min 后以 10 ℃/min 速度升温至 250 ℃并保持 5 min；WSC 含量采用硫酸 – 蒽酮比色法测定；氨氮、CP 含量采用凯氏定氮仪（K-375，BUCHI，瑞士）测定；EE 含量按照乙醚索氏抽提法测定；CF 含量采用全自动纤维分析仪（Fibertec 2010，FOSS，瑞典）测定；总碳、总氮含量采用总有机碳 / 有机氮分析仪（vario TOC，Elementar，德国）测定；TS、VS 含量和 pH 值均按照《水和废水监测分析方法》所述方法进行测定。

（5）数据处理

试验数据采用 Microsoft Excel 2013 和 Origin 2018 软件进行统计计算和绘图。

4.3.2　结果与分析

（1）日产气量变化与累积产气量比较

不同接种比条件下，各处理组日产气量情况如图 4-9 所示。30 天的试验周期内，各处理组日产气量均呈先升高再降低的趋势，且均在试验开始的第一天出现一个"产气高峰"，但结合甲烷浓度分析可知，此"产气高峰"甲烷含量很低，结合文献报道可知，此时大量产生的气体主要由尾菜细胞自身呼吸代谢、微生物分解作用等途径产生，并非进入产甲烷阶段。发酵第 2 天各处理组产气量骤降，此后各处理组产气量逐步升高，逐渐启动产甲烷发酵，进入主产气阶段：当接种比为 10%（T1）时，在第 5 天达到产气高峰，为 1.43 L，此后迅速降低至基本不产气；当接种比为 20%（T2）时，在第 6 天达到产气高峰，为 2.05 L，此后逐渐降低并在第 22 天出现一个明显的次产气高峰；而接种比为 30%（T3）和 40%（T4）时，日产气量变化曲线比较接近，均在第 6 天到达产气高峰，分别为 2.95 L 和 3.17 L，此后逐步降低，并又分别出现多个次产气高峰，多个次产气高峰的出现与物料中 WSC、CP、EE、CF 等不同成分降解难易程度和发酵菌群适应性等因素有关。接种比为 30% 和 40% 时产气高峰出现较多，也在一定程度上说明了此接种比条件下物料各成分能够得到较好利用。

由图 4-10 可以看出，接种比分别为 10%、20%、30% 和 40% 时，扣除完全为接种物的空白对照组 T0 累积产气量后，T1、T2、T3、T4 各处理组累积产气量分别为 5.84 L、22.00 L、42.91 L、43.22 L。T1 组累积产气量明显较低，T2 组累积产气量比 T1 组升高 276.71%，而 T3 和 T4 组累积产气量相近且较高，分别比 T1 组升高 634.76% 和 640.07%。说明试验条件下，接种比对累积产气量影响较大，采用较高的接种比能够获得更优的产气效果，但若超过一定限度则提升不大，此结果与任海伟、刘荣厚等的研究结果相一致。

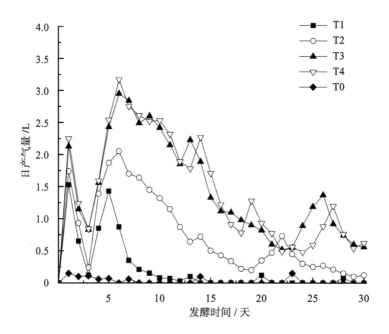

图 4-9 日产气量变化

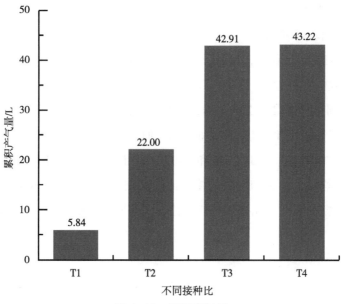

图 4-10 累积产气量

（2）甲烷浓度变化

试验周期内，各处理组甲烷浓度变化如图 4-11 所示。T1、T2 处理组甲烷浓度变化呈现显著的先升高后降低的趋势，甲烷浓度均在发酵的第 6 天达到最高值，分别为 25.08% 和 37.80%，随后迅速下降，T1 组在产气迅速停止的同时，甲烷浓度逐步趋近于 0；而 T2 组甲烷浓度则在降至约 15% 后，下降速度逐步放缓，至试验结束时为 8.35%。结合文献报道和生产实践来看，低甲烷浓度的沼气缺乏利用价值，不仅占用储气空间，经济性差，而且给发电、燃用、提纯等后续利用环节造成较大难度；相对而言，T3 和 T4 处理组不仅甲烷浓度峰值较高（分别为 67.21% 和 67.33%），分别比 T1 组最高值升高 167.98% 和 168.46%，而且甲烷浓度在升高后，均能够在试验周期内保持基本稳定，至试验结束时仍分别高达 62.67% 和 63.76%，具有良好的利用价值。可见，不同接种比对叶菜类尾菜厌氧发酵所产甲烷浓度影响显著，采用较高接种比时，接种物能够给发酵体系迅速带来足够的产甲烷菌群，确保甲烷的顺利产生；而采用较低的接种比则严重影响了产甲烷菌群优势的建立，并将直接导致无法顺利获得高质量沼气。

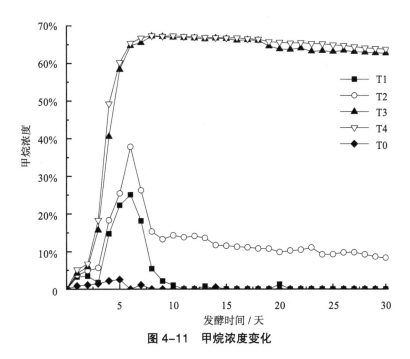

图 4-11　甲烷浓度变化

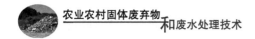

（3）pH 值与丙酸、乙酸浓度变化

作为一个复杂的微生物过程，厌氧沼气发酵一般分为有机串联的"大分子分解""脂肪酸产生""甲烷产生"3 个重要步骤，由包含梭菌、产甲烷菌等多种功能微生物的沼气微生物菌群共同完成，体系 pH 值保持一定范围的相对稳定对于维持菌群活性十分重要。有研究表明，当环境 pH 值低于 5.0 时，产甲烷菌的活性受到完全抑制。由于叶菜类尾菜可生化性好、极易被微生物分解，VFAs 累积速度快，很容易超过产甲烷菌耐受范围而出现"过酸化"现象，因而此类原料发酵过程中 pH 值和 VFAs 的变化情况需要重点监控。如图 4-12 所示，T1 组发酵液 pH 值在发酵开始后逐步降低，至第 6 天 pH 值低至 4.82，此后一直在 5.0 以下未能恢复；T2 组发酵液 pH 值在第 6 天低至 5.50，此后有所恢复，但一直低于 6.5；而 T3 组和 T4 组，虽然发酵液 pH 值在第 6 天出现检测最低值，分别为 6.02 和 6.15，但都能迅速恢复至 7.0 左右，并一直稳定在中性范围。

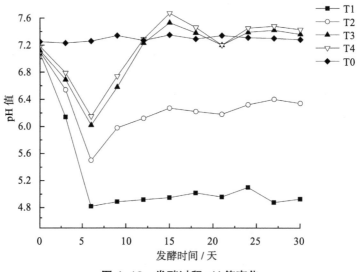

图 4-12 发酵过程 pH 值变化

丙酸、乙酸均为厌氧发酵中产生的主要 VFAs 种类，是由有机物料向沼气转化过程的重要中间产物，其浓度变化不但关系反应器运行效率，而且是判断体系是否稳定的重要标志之一。有研究表明，过高的丙酸浓度会直接抑制产甲烷菌活动，关于丙酸抑制浓度阈值的报道各不相同，可能与原料种类、产甲烷菌类型、缓冲物质含量等因素有关。图 4-13、图 4-14 展示了不同接种比条件下，发酵液中丙酸、乙酸浓度的变化情况。与 pH 值变化趋势相对应的是，各处理组在试验初期，丙酸、乙酸浓度均出现了快速上升，而高接种比条件下上升速度更快，T1、T2、T3、T4 组最高丙酸浓度分别为665.34 mg/L、805.35 mg/L、910.40 mg/L、923.36 mg/L，最高乙酸浓度分别为 742.14 mg/L、1006.08 mg/L、1303.64 mg/L、1314.42 mg/L；在第 15 天后，T2、T3、T4 组丙酸、乙酸浓度逐步下降，而 T1 组丙酸、乙酸浓度则一直相对稳定。这可能是由于更多接种物虽然提供了更多的产酸微生物产生VFAs，但也提供了更多的产甲烷微生物消耗 VFAs。

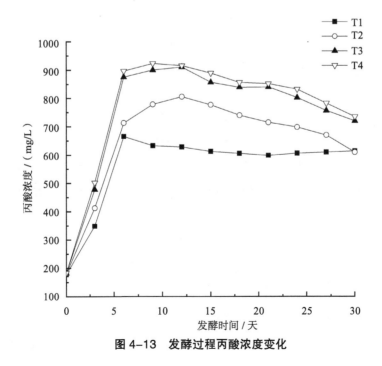

图 4-13 发酵过程丙酸浓度变化

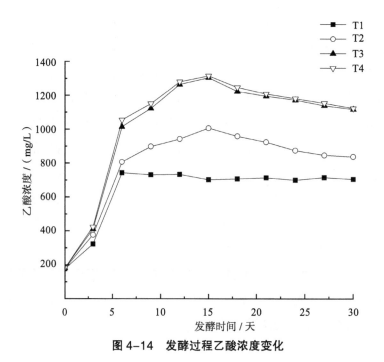

图 4-14　发酵过程乙酸浓度变化

　　可见，高接种比条件下，虽然更多的微生物会较快地将大分子有机物分解为 VFAs 导致 pH 值下降，但是接种物中富含的产甲烷菌等也能更快地消耗有机酸产生甲烷，同时有更多的氨氮等缓冲物质产生，使得发酵体系 pH 值更加趋于中性并能保持稳定，因而更加有利于甲烷的产生。而接种物过少时，VFAs 产生速度远超过消耗速度，导致 pH 值逐渐降低后难以恢复，进而对产甲烷菌群造成毒害，形成负反馈效应，引起发酵体系崩溃，产气停滞。总体而言，较高的接种物含量是发酵体系 pH 值和 VFAs 浓度保持动态平衡的重要保障。

　　（4）氨氮浓度变化

　　厌氧沼气发酵过程中氨氮的产生，主要是由蛋白质、氨基酸、尿素等含氮有机物被微生物分解所致。同 pH 值和 VFAs 浓度类似，氨氮浓度须稳定维持在一定的范围内才能保证甲烷的顺利产生，适当浓度的氨氮不仅可以为沼气微生物菌群的生长提供营养，还可以对酸性物质起到良好的缓冲作用；

氨氮过低则体系缓冲能力下降，而氨氮超量累积是厌氧发酵失衡的另一重要因素，任南琪、Koster 等认为若氨氮浓度超过 1700 mg/L，则乙酸营养型产甲烷菌活动会受到很大抑制。本节研究结果（图 4-15）表明，试验周期内 T1、T2、T3、T4 处理组氨氮浓度均有所上升，各组氨氮浓度变化范围分别为 152.45～213.87 mg/L、165.29～372.90 mg/L、184.38～972.45 mg/L、198.20～1010.21 mg/L。可见，随接种物用量的增大，接种物中的分解菌群能够更快地将物料中的含氮有机物降解为无机态的氨氮，从而提高发酵液中的氨氮浓度。而较高的氨氮浓度可以及时中和部分 VFAs，升高 pH 值，避免"过酸化"现象的不利影响，起到保护正常厌氧发酵顺利进行的作用。同时，由于本节研究中使用的发酵原料为叶菜类尾菜，蛋白质等含氮物质含量低，未观察到明显的由氨抑制引起的发酵停滞现象。

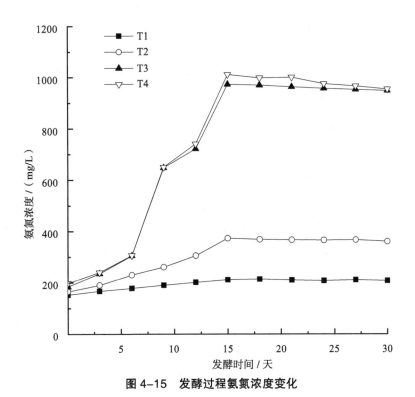

图 4-15 发酵过程氨氮浓度变化

4.3.3　讨论与结论

利用集约蔬菜区丰富的叶菜类尾菜进行厌氧发酵获取沼气和有肥料利用价值的沼渣、沼液，是实现资源高效利用、促进农业可持续发展的重要方式。然而，由于叶菜类尾菜自身原料特点，极易在发酵中出现"过酸化"现象而导致产气效率大大下降。"过酸化"现象出现的原因虽然是多方面的，但根本原因是沼气微生物菌群不足以及时消耗迅速产生的 VFAs，导致酸过量累积和 pH 值骤降超出微生物耐受阈值的"负反馈"效应。接种物中含有数量丰富、种类多样的沼气微生物菌群，是厌氧发酵中产甲烷菌群的唯一来源，而产甲烷菌通常生长代谢较为缓慢，是厌氧沼气发酵的限速因素，其利用 VFAs 产生甲烷的效率直接决定了酸累积程度。因此，在厌氧发酵的起始阶段增加接种物用量，迅速提高产甲烷菌数量，就有可能提高系统的有机酸分解能力、促进酸碱平衡进而提高产沼气性能。Li 等在研究不同农业固体废弃物厌氧沼气发酵时，均认为较高的接种比具有缩短反应器启动时间、平衡酸碱、提高系统稳定性、增加沼气产量等优势。

然而，具体到每种不同种类的农业固体废弃物，其最佳接种比可能存在很大不同。Lesteur 等的研究指出，以不同物料、按不同工艺进行厌氧沼气发酵时，VFAs 的累积情况和系统缓冲能力均有可能差异巨大，需要通过试验确定最佳接种比，才能保证产沼气潜力的正常发挥。白菜、芹菜和莴苣等叶菜类蔬菜在种植和采收过程中，会附带产生大量尾菜，这些尾菜含有糖类、蛋白质等营养物质，含水量高，"易分解"是其明显区别于农作物秸秆、禽畜粪便等常见农业固体废弃物的特征。比较而言，以叶菜类尾菜为主要原料的厌氧沼气发酵更容易受到"过酸化"现象的危害，选择合适的接种比是该类农业固体废弃物能源化利用的关键点之一。

氨抑制是厌氧沼气发酵中与"过酸化"相并列的另一类有害因素，高浓度的氨氮与 VFAs 一样毒害沼气微生物菌群，不利于系统酸碱平衡和产气的进行。但是，氨抑制一般发生在禽畜粪便、餐厨垃圾等蛋白质含量高的物料厌氧发酵过程中。叶菜类尾菜蛋白质含量较低，发酵过程中一般不会形成氨抑制，此时较高浓度的氨氮反而可以中和 VFAs，起到平衡酸碱的积极作用。采用较高的接种比时，数量更丰富的分解菌群能够更快地水解原料产生氨氮，提高系统酸缓冲能力，有利于产甲烷菌等其他微生物生存、生长和正常发酵的进行。

　　本节研究比较了 10%、20%、30% 和 40% 接种比条件下叶菜类尾菜厌氧发酵的情况，结果表明，不同接种比对叶菜类尾菜厌氧发酵产沼气性能影响显著。若接种比过低（10% 和 20%），则发酵中会出现丙酸、乙酸大量累积、pH 值骤降、酸碱平衡失调的"过酸化"现象，沼气菌群失活或活性降低，无法保证正常的产甲烷过程；而较高的接种比（30% 和 40%）能够维持发酵体系丙酸浓度、乙酸浓度、氨氮动态平衡和 pH 值相对稳定，避免发生"过酸化"现象，有利于沼气菌群正常活动，确保甲烷顺利产生，与任海伟、Li`Zhu、Yang 等的研究结果相一致；30% 和 40% 接种比处理组最高日产气量分别为 2.95 L 和 3.17 L，累积产气量分别为 42.91 L 和 43.22 L，最高甲烷浓度分别为 67.21% 和 67.33%，数值接近。因此，综合产气效率和经济性考虑，30% 的接种物浓度为本试验中的最佳接种比选择。

参考文献

[1] 屈冬玉，谢开云，金黎平，等 . 中国马铃薯产业发展与食物安全 [J]. 中国农业科学，2005（2）：358-362.

[2] 何志军，于利子，丁丽媛，等 . 不同原料与马铃薯茎叶混贮后对其品质的影响 [J]. 安徽农业科学，2018，46（23）：55-56，64.

[3] 杨永在，王长水，梁艺洵，等 . 不同添加物对马铃薯茎叶青贮品质的影响 [J]. 中国草食动物科学，2015，35（5）：34-38，49.

[4] 安志刚，韩黎明，刘玲玲，等 . 马铃薯废弃物的资源化利用 [J]. 食品与发酵工业，2015，41（2）：265-270.

[5] 王秉鹏，蒙静，郭玫，等 . 马铃薯茎叶中茄尼醇提取方法优化与比较 [J]. 河南农业科学，2017，46（4）：138-142.

[6] 周彦峰，邱凌，潘君廷 . 木醋液预处理对马铃薯茎叶纤维成分和厌氧消化产气特性的影响 [J]. 西北农业学报，2014，23（7）：208-214.

[7] 葛一洪，邱凌，罗时海，等．离子液体预处理对马铃薯茎叶厌氧消化的影响 [J]. 农业机械学报，2017，48（10）：266-271.

[8] 王润娟．玉米秸秆保质贮存及纤维素高效水解方法的研究[D].天津：天津大学，2012.

[9] 韩梦龙．液固联合秸秆沼气干发酵微生物适应性研究[D].淄博：山东理工大学，2014.

[10] 左壮．蔬菜废弃物厌氧消化产酸特性及回流调控研究 [D]. 北京：中国农业大学，2014.

[11] 韦国杰，张帆，闫盘盘，等．不同萎蔫时间对马铃薯茎叶品质的影响 [J]. 中国饲料，2018（19）：33-35.

[12] 杨闻文，付晓悦，杨彪，等．不同物料对马铃薯茎叶青贮特性和发酵品质的影响 [J]. 动物营养学报，2015，27（11）：3643-3648.

[13] 余汝华，莫放，赵丽华，等．凋萎时间对青玉米秸秆青贮饲料营养成分的影响 [J]. 中国农学通报，2007（6）：13-17.

[14] 刘立山，郎侠，周瑞，等．降雨和风干对玉米秸秆青贮品质的影响 [J]. 中国草地学报，2019，41（2）：22-29.

[15] 杨耀刚，田瑞华．内蒙古不同地区玉米秸秆营养成分分析 [J]. 安徽农业科学，2017，45（21）：115-116.

[16] 裴彩霞．不同收获期和干燥方法对牧草 WSC 等营养成分的影响 [D]. 晋中：山西农业大学，2001.

[17] 孙优善．玉米秸秆保质贮存及水热反应处理提高可生化性方法的研究 [D]. 天津：天津大学，2011.

[18] 罗娟，张玉华，陈羚，等．CaO 预处理提高玉米秸秆厌氧消化产沼气性能 [J]. 农业工程学报，2013，29（15）：192-199.

[19] 曾锦，徐锐，张无敌，等．猕猴桃皮中温发酵产沼气潜力的实验研究 [J]. 中国沼气，2019，37（2）：31-35.

[20] 王英琪，杨宏志，孟海波，等．沼液预处理玉米秸秆产沼气工艺参数优化 [J]. 农业工程学报，2018，34（23）：239-245.

[21] 刘研萍，方刚，党锋，等. NaOH 和 H_2O_2 预处理对玉米秸秆厌氧消化的影响 [J]. 农业工程学报，2011，27（12）：260-263.

[22] 武安泉，张永亮. 玉米秸秆风干过程中茎叶含水量与乳酸菌菌落动态变化研究 [J]. 作物杂志，2014（2）：84-87.

[23] 邓良伟，刘刈，郑丹，等. 沼气工程 [M]. 北京：科学出版社，2015.

[24] ASHEKUZZAMAN S M，POULSEN T G. Optimizing feed composition for improved methane yield during anaerobic digestion of cow manure based waste mixtures[J]. Bioresource Technology，2011，102（3）：2213-2218.

[25] GÜNTHER B. The Biogas Handbook ‖ Storage and pre-treatment of substrates for biogas production[J]. Biogas Handbook，2013：85-103.

[26] GUO J，CUI X，SUN H，et al. Effect of glucose and cellulase addition on wet-storage of excessively wilted maize stover and biogas production[J]. Bioresource Technology，2018：198-206.

[27] WU Q L，GUO W Q，ZHENG H S，et al. Enhancement of volatile fatty acid production by co-fermentation of food waste and excess sludge without pH control：The mechanism and microbial community analyses[J]. Bioresource Technology，2016，216：653-660.

[28] VAN SOEST P J，ROBERTSON J B，LEWIS B A. Methods for dietary fiber，neutral detergent fiber，and nonstarch polysaccharides in relation to animal nutrition[J]. Journal of Dairy Science，1991，74（10）：3583-3597.

[29] 国家环境保护总局. 水和废水监测分析方法 [M]. 4 版. 北京：中国环境科学出版社，2002.

[30] 鲍士旦. 土壤农化分析 [M]. 3 版. 北京：中国农业出版社，2000.

第5章

农村固体废弃物厌氧发酵技术

5.1 农村有机生活垃圾厌氧发酵产沼气性能

据统计，中国每年产生农作物秸秆 7 亿多吨，其中玉米秸秆约有 2.16 亿 t，而且超过一半的玉米秸秆没有被利用。每年产生畜禽粪便约 30 亿 t。玉米秸秆、畜禽粪便等不合理利用不仅造成很大的资源浪费，还污染了环境。近几年随着农村经济的发展，农村生活垃圾产生量与日俱增。据统计，全国农村每年生活垃圾产生量约 3 亿 t，约是城市垃圾产生量的 75%，但仅有很少的生活垃圾得到处理，处理的方式也仅限于转运、填埋。当前，我国农村能源消费结构不合理，农村居民生活用能仍以秸秆、薪柴为主，二者分别占农村居民生活用能的 51.46% 和 28.02%。秸秆等能源的不合理利用，降低了其热值，影响了农村空气环境质量。如何合理高效地处理这些废弃物，解决农村用能，是一个亟待解决的问题。

厌氧发酵因在处理废弃物的同时能产生热、电及燃料而备受人们关注。目前，通过厌氧发酵生产沼气以提高农村秸秆、粪便的利用率的方法在一些地区已经普遍应用，但单一物料发酵应用比较多。为了提高物料发酵效率，近几年混合物料厌氧发酵成为国内外大量学者研究的热点之一。Ye 等研究了稻秆与鸡粪、猪粪混合物料厌氧发酵，得出了鸡粪、猪粪和稻秆混合物料厌氧发酵最佳配比为 0.4∶1.6∶1，沼气产量达到 674.4 L/kg VS，比单独稻秆和猪粪发酵分别提高 71.67% 和 10.41%。Zhou 等研究了玉米秸秆和牛粪混合物料厌氧发酵对提高沼气产量的影响，发现玉米秸秆和牛粪混合发酵沼气产量比单一牛粪或单一玉米秸秆都有很大提高。李东等研究了稻草与鸡粪配比对混合厌氧消化产气率的影响，发现与稻草和鸡粪单独厌氧消化相比，混合厌氧消化能够显著提高原料产气率，稻草与鸡粪 VS 比为 1：1 时，VS 产气率能达到 446 mL/g。

本章进行了农村有机生活垃圾、玉米秸秆与奶牛粪联合厌氧发酵试验，考察了混合物料混合厌氧消化对产气效果的影响，以期为农村多种废弃物集中处理提供有效的技术支撑。

5.1.1　材料与方法

（1）试验概况

试验组在山东省选取了 15 个村庄和 8 个奶牛养殖场，对农村有机生活垃圾、玉米秸秆和奶牛粪各 10 个样品的 TS 含量进行了测定，测定结果如表 5-1 所示。

表 5-1　原料测定结果

参数	有机生活垃圾	玉米秸秆	奶牛粪
TS 含量	9.22%～10.69%	90.27%～93.58%	20.74%～23.89%

（2）试验材料

本试验材料为农村有机生活垃圾、玉米秸秆和奶牛粪。试验材料理化指标如表 5-2 所示。

有机生活垃圾：取自山东省济南市章丘区普集镇乐家村分类后的有机生活垃圾，主要包括蔬果废弃物和极少量的剩饭剩菜等，用粉碎机打碎。

玉米秸秆：取自山东省济南市章丘区普集镇，切碎后自然风干，用粉碎机粉碎至 3～5 mm。

奶牛粪：新鲜牛粪，取自山东省农业科学院畜牧所奶牛场。

接种物：取自山东省淄博市淄川区法家村正常运行沼气工程沼渣，该工程原料为秸秆和牛粪。

实验装置如图 5-1 所示。

表 5-2　厌氧消化材料理化指标

参数	有机生活垃圾	玉米秸秆	奶牛粪	接种物
总固体(TS)含量	10.69% ± 0.33%	92.14% ± 0.07%	23.72% ± 0.13%	28.20% ± 0.10%
挥发性固体（VS）含量	8.29% ± 0.02%	82.62% ± 0.04%	18.89% ± 0.01%	13.08% ± 0.03%
pH 值	6.2 ± 0.01	—	8.1 ± 0.17	8.0 ± 0.37
总碳（TC）含量	38.47% ± 0.36%	47.30% ± 0.12%	42.70% ± 0.29%	27.01% ± 0.03%
总氮（TN）含量	1.85% ± 0.06%	0.91% ± 0.08%	2.17% ± 0.38%	1.41% ± 0.29%
碳氮比（C/N）	20.79 ± 0.89	51.98 ± 0.09	19.68 ± 0.06	19.16 ± 0.17
凯氏氮（TKN）含量	1.74% ± 0.04%	0.89% ± 0.11%	2.01% ± 0.08%	1.39% ± 0.66%
纤维素含量	10.39% ± 0.45%	23.75% ± 0.02%	23.68% ± 0.05%	16.54% ± 0.02%
半纤维素含量	14.23% ± 0.22%	27.56% ± 0.04%	26.43% ± 0.52%	1.94% ± 0.09%
木质素含量	10.11% ± 0.23%	20.36% ± 0.93%	8.06% ± 0.03%	10.55% ± 0.25%
蛋白质含量	10.88% ± 0.11%	5.56% ± 0.51%	12.56% ± 0.01%	8.69% ± 0.05%
脂肪含量	25.22% ± 0.08%	—	—	—

注：表中数据为重复 3 次的平均值。

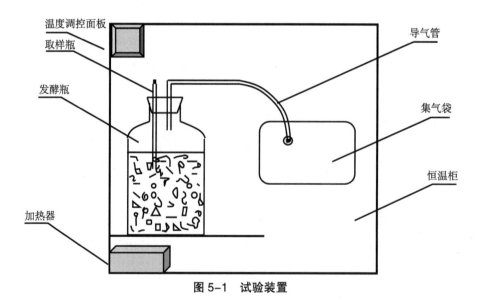

图 5-1　试验装置

（3）试验设置

试验共设置 5 个处理组，即有机生活垃圾、玉米秸秆和奶牛粪的湿基质量比为 1∶0∶2、1∶0.5∶1.5、1∶1∶1、1∶1.5∶0.5、1∶2∶0，另设置对照组 CK（只以接种物为原料）。每个处理组进行 3 个平行试验。设计接种率为 41%（以接种污泥 TS 为发酵原料总 TS 的百分数计）。通过加入不同量的自来水调节各处理组发酵浓度为 12%。添加物料后，向发酵瓶中吹 N_2 1 min，以保证严格的厌氧环境。试验期间，每天上午 9∶00 测定日产气量，每 2～4 天测定沼气成分，每 3～8 天取样测定 pH 值和 VFAs 浓度。测定厌氧发酵前后各处理组中纤维素、半纤维素的含量。

（4）指标测定方法

TS、VS 含量采用烘干失重方法测定；pH 值采用 pH 计（上海 Bante220）测定；沼气产量通过沼气流量计（德国 Ritter，TG05-5）测定；气体成分采用气相色谱法（普析 GC1100）测定；VFAs 浓度采用气相色谱法（岛津 GC-2014）测定；纤维素、半纤维素含量用木质纤维素测定仪（丹麦 FOSS Fibertec 2010）测定；TC 含量用 TOC 测定仪（德国耶拿，multi C/N 3100）测定；TKN 含量用凯氏定氮仪（瑞士 BUCHI，K-375）测定。

5.1.2　结果与讨论

（1）产气情况的变化

如图 5-2 所示，从日产气量的结果来看，有机生活垃圾、玉米秸秆和奶牛粪三物料混合厌氧发酵日产气量较稳定，三者组合可以促使厌氧消化的平衡。在有机生活垃圾投加比例不变的情况下，随着奶牛粪比例的降低，三物料混合的处理组产气高峰值出现时间依次推迟 2～3 天，表明若玉米秸秆未预处理直接进行厌氧发酵，则产气较慢，玉米秸秆比例高，产气峰值出现时间晚。仅有机生活垃圾和奶牛粪混合发酵，日产气量较低，产气持续时间较其他处理组缩短约 30 天，产气高峰值出现时间比三物料混合的处理组提前 3～8 天。这表明仅有机生活垃圾和奶牛粪配比混合发酵时，因二者都为易降解物料，产气速率快。仅有机生活垃圾和玉米秸秆混合发酵时，产气高峰期出现 2 次，日产气量也较低，表明有机生活垃圾和玉米秸秆发酵过程中相互影响不大。

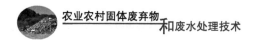
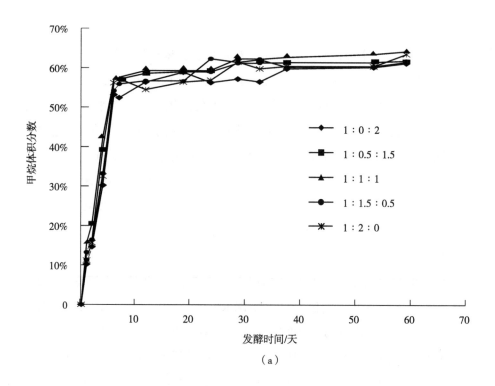

（a）

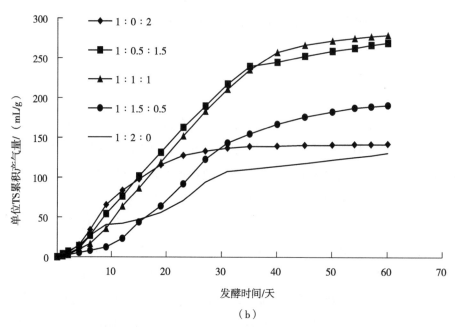

（b）

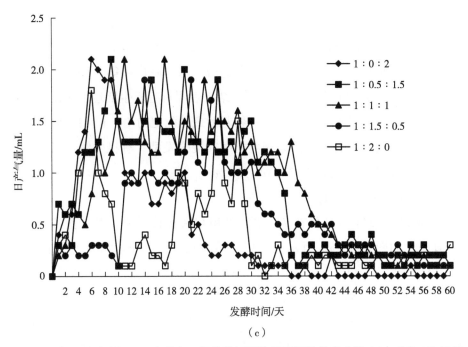

图 5-2　有机生活垃圾、玉米秸秆、奶牛粪不同比例下甲烷体积分数 (a)、单位 TS 累积产气量 (b)、日产气量 (c)

一般认为，产气量达到总产气量的 90% 以上即可认为发酵基本完成。三者比例为 1 : 0 : 2、1 : 0.5 : 1.5、1 : 1 : 1、1 : 1.5 : 0.5 和 1 : 2 : 0 的组合厌氧发酵完成时间分别为 23 天、35 天、38 天、42 天和 45 天，表明在有机生活垃圾投加量不变的情况下，随着玉米秸秆比例的增加，完成厌氧发酵的时间逐渐增加。本试验获得的厌氧发酵完成时间高于任海伟等研究中的风干秸秆与牛粪混合物料厌氧发酵完成时间。分析原因是本试验的配比为鲜重配比，若以 TS 计，各处理组玉米秸秆比例偏高，未预处理的玉米秸秆延长了厌氧发酵完成时间。因有机生活垃圾易降解，对厌氧发酵完成时间影响较小。

从图 5-2（a）可以看出从厌氧消化第 6 天以后，甲烷体积分数基本稳定在 55% ~ 65%。从图 5-2（b）来看，各处理组单位 TS 累积产气量变化趋势基本一致且相差不大，先增加，后基本不变。在有机生活垃圾投加比例为 1 的情况下，玉米秸秆和奶牛粪配比为 0 : 2、0.5 : 1.5、1 : 1、1.5 : 0.5

和 2：0 的组合单位 TS 累积产气量分别为 142.16 mL/g、269.19 mL/g、278.92 mL/g、190.81 mL/g 和 130.81 mL/g。二者配比为 0.5：1.5 和 1：1 的组合单位 TS 累积产气量明显高于其他组合，这与陈广银等获得的牛粪所占比例太低会影响产气的结果基本相符。结果表明对有机生活垃圾来说，三物料混合发酵优于双物料混合发酵，三物料的最佳配比为 1：1：1，该配比单位 TS 累积产气量较有机生活垃圾与奶牛粪混合发酵、有机生活垃圾与玉米秸秆混合发酵增幅分别为 96.2% 和 113.2%。

（2）液相成分的变化

多项研究表明，pH 值在 7 左右时产甲烷菌比较活跃。本试验各处理组 pH 值变化如图 5-3（a）所示。有机生活垃圾、玉米秸秆和奶牛粪配比为 1：0.5：1.5、1：1：1 和 1：1.5：0.5 的处理组 pH 值变化呈现先降低，后升高，然后趋于稳定的趋势，基本维持在 7.0 左右。这与 Long Lin 等的研究类似，表明三物料混合发酵能互相促进，平衡 pH 值。有机生活垃圾和奶牛粪混合发酵，从发酵开始到第 6 天，pH 值一直下降，随后略有回升，至第 23 天下降至 4.7 左右，处于严重酸化状态。这是因为有机生活垃圾自然酸化速度很快，奶牛粪也属于易发酵物质，二者混合发酵能延后酸化时间。有机生活垃圾和玉米秸秆混合发酵，从发酵开始到第 6 天，pH 值一直下降，到第 16 天开始回升，23 天以后处于 7.0 左右的稳定状态。表明添加玉米秸秆有助于有机生活垃圾酸化过程的恢复。

乙酸、丙酸、丁酸是厌氧发酵过程中 VFAs 的主要组成部分，各种酸的积累与消耗是厌氧反应进程指示性参数。从图 5-3 可以看出，5 个不同处理组乙酸、丙酸和丁酸的质量浓度都呈现先增加后降低的趋势。这是因为水解产酸菌的生长和产酸速率较快，而产甲烷菌的生长和产甲烷速率较慢。从图 5-3（b）可以看出，有机生活垃圾、玉米秸秆和奶牛粪配比为 1：0.5：1.5 和 1：1：1 的处理组乙酸质量浓度在厌氧发酵的第 0～5 天逐渐升高，在第 5 天达到高峰值 1245 mg/L 和 1338 mg/L，然后缓慢下降，到第 35 天左右下降到 60 mg/L 以下。配比为 1：1.5：0.5 的处理组，乙酸质量浓度在厌氧发酵的第 0～9 天逐渐升高，在第 9 天达到高峰值 925 mg/L，然后缓慢下降，但下降速度较前二者慢。表明三物料混合发酵系统更稳定，没有出现酸化现象。有机生活垃圾和奶牛粪混合发酵，在厌氧发酵的第 3 天乙酸质量浓度达到最大值 1876 mg/L，然后在 1200 mg/L 左右波动，处于酸化状态。这与刘荣厚和李秀辰等的研究类似。有机生活垃圾和玉米秸秆混合发酵，乙酸质量浓度共出现 2 个高峰值，分别为第 3 天的 1185 mg/L 和第 12 天的 1067 mg/L，这与 pH 值的变化有很好的符合性。

Griffin 的研究表明，丙酸是降解最慢且对环境变化最敏感的酸，能对厌氧发酵产生抑制。产甲烷菌对丙酸的耐受浓度在 1000 mg/L。从图 5-3（c）可以看出，各处理组都没有出现丙酸抑制。分析日产气量，除有机生活垃圾和奶牛粪混合发酵、有机生活垃圾和玉米秸秆混合发酵的处理组外，其他产气高峰期出现较晚，因为丙酸降解较慢，延长了产气时间。三物料混合发酵及有机生活垃圾与玉米秸秆混合发酵的处理组，丁酸质量浓度变化趋势基本一致，发酵 30 天后丁酸质量浓度基本测不出，而有机生活垃圾与奶牛粪混合发酵的处理组，后续丁酸质量浓度一直很高，表明发酵后期出现了酸抑制，这与乙酸的分析一致。

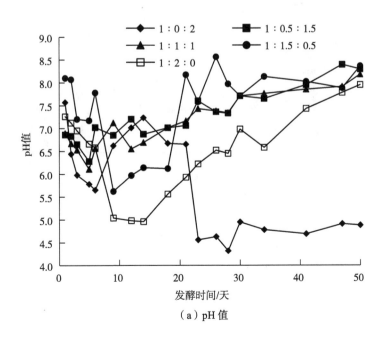

（a）pH 值

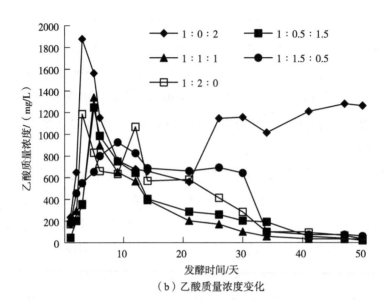

（b）乙酸质量浓度变化

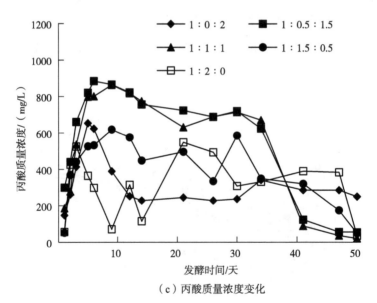

（c）丙酸质量浓度变化

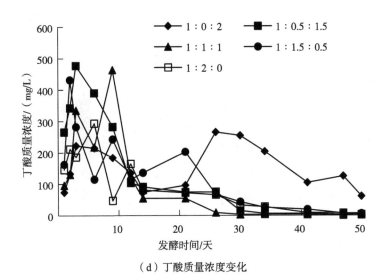

（d）丁酸质量浓度变化

图 5-3　厌氧消化过程中各指标变化

（3）纤维素、半纤维素降解率的变化

有机生活垃圾、玉米秸秆和奶牛粪不同配比混合发酵前后中性洗涤纤维（NDF）、酸性洗涤纤维、纤维素和半纤维素的变化如图 5-4 所示，可以看出，配比为 1：1：1 的处理组纤维素降解率最高，达到 53.92%，然后依次是配比为 1：2：0、1：0.5：1.5、1：1.5：0.5 和 1：0：2 的处理组，配比为 1：2：0 的处理组产气量较低但纤维素降解率较高，表明奶牛粪的添加会影响玉米秸秆纤维素降解率。半纤维素的降解率从高到低依次为配比1：0.5：1.5、1：1：1、1：1.5：0.5、1：2：0 和 1：0：2 的处理组，与产气量规律基本相似。该研究的纤维素、半纤维素降解率低于陈甲甲等的研究，原因可能是该研究为混合物料，没有搅拌等因素影响。

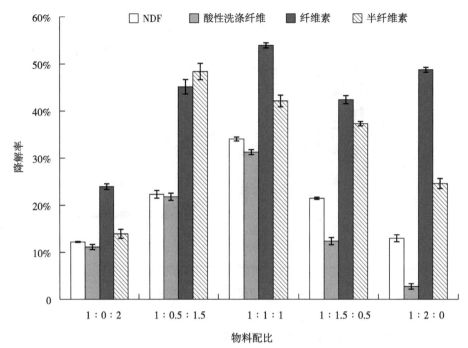

图 5-4　NDF、酸性洗涤纤维、纤维素和半纤维素的降解率

5.1.3　结论

（1）合适的物料配比能改善底物的厌氧发酵性能，并提高日产气量及单位 TS 累积产气量。本节研究显示有机生活垃圾、玉米秸秆和奶牛粪配比1∶1∶1 时单位 TS 累积产气量最高，达到 278.92 mL/g。

（2）不同的发酵物料配比能影响厌氧发酵速率，改变厌氧发酵完成时间。该研究结果表明，有机生活垃圾、玉米秸秆和奶牛粪混合厌氧发酵，在有机生活垃圾投加比例不变的情况下，随着玉米秸秆比例的增加，厌氧发酵完成时间逐渐增加。

（3）酸化会降低产甲烷菌的活性，进而抑制厌氧发酵过程的进行，研究表明，当有机生活垃圾和奶牛粪双物料混合发酵时，系统会发生酸化，添加玉米秸秆会改善系统性能，且有助于提高纤维素、半纤维素降解率。

（4）该研究表明，有机生活垃圾、玉米秸秆和奶牛粪混合厌氧发酵，在

发酵浓度为 12% 的情况下，三物料产气性能优于双物料，最佳物料配比为
1：1：1。

5.2 农村畜禽粪便与尾菜厌氧发酵产沼气性能

一般来说，在沼气工程设计或运行过程中，原料特性不同建议采用的发酵浓度也不一样，如畜禽养殖粪污的处理，采用水泡粪、水清粪工艺的生猪养殖场，因粪污浓度仅为 5% 左右，一般采用湿发酵处理。粪污固液分离处理的奶牛养殖场，沼液固体含量在 4%～6%，应采用湿式发酵。但对于农作物秸秆和城市污泥等干物质含量高的物料，若采用湿发酵则需要额外添加大量清水，因此干发酵是更好的选择。从发酵原理来讲，湿发酵因 TS 浓度低，厌氧反应器内的发酵物料更容易传质、传热及搅拌，但也有研究表明，采用半干或干发酵可以获得更高的产气效率，并提高有机物去除率。

目前，我国已经建成的沼气工程中，基本采用单一原料进行发酵，该工艺具有发酵物料单一、原料来源简单、操作简单等优势，主要适用于大中型养殖场粪污的处理。但单一物料发酵也有其局限性，如会存在碳氮不均衡、营养不合理、系统缓冲能力低及因养殖风险面临的原料不足等问题。解决这些问题需要考虑多物料共发酵，相比于单一物料发酵，共发酵多物料混合能稀释潜在的有毒化合物，能均衡营养、调节物料碳氮比到合适的范围，并能提高系统的缓冲能力，降低原料短缺的风险。对玉米秸秆和尾菜进行半干法厌氧消化不同配比技术的研究表明，发酵 50 天后，甲烷产量达到 314.5～323.4 mL/g VS，玉米秸秆和尾菜总固体（TS）比为 14：1 的处理具有最高的甲烷产量及 VS 去除效率。齐利格娃等研究了粪草比对发酵过程沼气产量及古菌群落的影响，结果表明猪粪与稻草配比为 2：1 时累积 VS 甲烷产率最高，比猪粪单独发酵处理提高了 13.0%。

黄瓜作为一种重要的蔬菜，每年产生超过 7.3×10^3 万 t 的废弃物，黄瓜秧也是比较典型的园区尾菜，选择同样产量较大的黄瓜秧代替番茄秧，考察

二者混合发酵不同浓度的产气性能，结合 VFAs 浓度、碱度、氨氮浓度、pH值等指标对发酵过程进行分析，并与番茄秧进行比较。同时结合微生物学指标，研究两种原料不同浓度发酵对发酵系统中微生物群落结构的影响，获得最佳的发酵浓度，以期为农业园区及黄瓜集中种植区废弃物处理提供技术指导。

5.2.1 材料与方法

（1）原料和接种物

本节研究采用两种原料：奶牛粪和黄瓜秧。

奶牛粪：取自山东银香伟业集团有限公司，并使用厨房搅拌器（JYL-C63V，九阳股份有限公司）将其均匀化。

黄瓜秧：取自济南现代农业科技示范园，使用食品废料处理器（DAOGRS MCD-56）将其粉碎至粒径小于 5 mm。

所有原料在使用前均储存在 4 ℃的冰箱中。

接种物：取自济南市长清区恒源农业沼气工程（以尾菜和猪粪为原料）。接种物在使用前存放在 4 ℃步入式冷却器的密封桶中。将收集的污泥以 2000 r/min 的速度离心 15 min，并将沉淀物用作接种物。

原料和接种物的基本指标如表 5-3 所示。

表 5-3 原料和接种物的基本指标

指标	黄瓜秧	奶牛粪	接种物
含水率	81.4% ± 0.02%	62.2% ± 0.4%	62.6% ± 0.8%
TS 含量	18.6% ± 0.4%	37.8% ± 0.3%	37.4% ± 0.4%
VS 含量	14.3% ± 0.8%	16.1% ± 0.02%	10.2% ± 0.03%
VS/TS	76.6% ± 0.7%	42.6% ± 0.2%	27.3% ± 0.04%
pH 值	ND	8.0 ± 0.2	8.3 ± 0.4
总碳* 含量	47.0 ± 0.01%	45.4 ± 0.0%	16.7 ± 0.02%
总氮* 含量	2.40% ± 0.4%	2.4% ± 0.0%	0.8% ± 0.01%

指标	黄瓜秧	奶牛粪	接种物
碳氮比	19.4% ± 0.2%	18.5% ± 0.0%	21.9% ± 0.02%
半纤维素*含量	25.2% ± 0.5%	25.1% ± 0.7%	14.3% ± 0.2%
纤维素*含量	27.4% ± 0.7%	23.4% ± 0.5%	6.3% ± 0.5%
木质素*含量	7.6% ± 0.04%	6.1% ± 0.07%	5.1% ± 0.7%

注：ND 表示未测定。* 表示按照干重计算，其余按照湿重计算。

（2）试验设计

本试验发酵原料为奶牛粪和黄瓜秧，二者湿基质量比为 1 : 1，在 F/I（原料 / 接种物，VS 比）为 1 的情况下，试验 TS 浓度共设置 9 个处理组，即发酵物料 TS 浓度为 6%、8%、10%、12%、15%、18%、20%、22% 和 25%，另设置对照组 CK（只以接种物为原料），每个处理组进行 3 个平行试验（表 5-4）。对于每个处理组，使用手动搅拌机（Braun-MQ705，Braun 公司，德国）添加去离子水和接种物并与原料混合。添加物料后，向发酵瓶中吹 N_2 1 min，以保证严格的厌氧环境。厌氧发酵瓶置于可调培养箱（DHZ-D）中培养 50 天，培养箱温度控制在（35 ± 1）℃，试验期间，沼气采用 5 L 沼气袋（大连普莱特气体包装有限公司）收集，沼气袋与反应器通过玻璃管连接，每天定时测定沼气产量，每 2～4 天测定一次沼气成分。

表 5-4　不同 TS 浓度混合物料厌氧发酵试验设置

发酵方式	试验处理	发酵物料 TS 浓度
湿发酵	H1	6%
	H2	8%
	H3	10%
半干发酵	H4	12%
	H5	15%
	H6	18%

续表

发酵方式	试验处理	发酵物料 TS 浓度
干发酵	H7	20%
	H8	22%
	H9	25%

（3）测定指标及方法

1）固体指标测定

总固体（total solid，TS）：取样品 5 g 左右（m_1）放于瓷坩埚（m_0）中，将瓷坩埚放到 105 ℃烘箱中，8 h 后至恒重，称重质量记为 m_2，则 TS 浓度 =（$m_2 - m_0$）/$m_1 \times 100\%$。

挥发性固体（volatile solid，VS）：将上述测完 TS 浓度的瓷坩埚，放入 600 ℃马弗炉中灼烧 4 h 后，冷却称重（m_3），则 VS 浓度 =（$m_2 - m_3$）/$m_1 \times 100\%$。

总碳（total carbon，TC）、总氮（total nitrogen，TN）：将烘干后的样品经球磨仪粉碎，采用元素分析仪（Elementar Analysensystem，Hanau，德国）测定。

木质纤维素：采用范式洗涤法测定（王冲等，2015），烘干样品（0.5 ± 0.05）g，装入专用的测定袋中（F57，ANTOM，美国），封口，放入 ANTOM 220 型纤维素分析仪（北京和众视野科技有限公司，中国）进行测定。经过中性洗涤液、酸性洗涤液、72% H_2SO_4 洗涤后，烘干，放于坩埚中，马弗炉 550 ℃灼烧 3 h，冷却后称重即可分别得到可溶性物质、半纤维素、纤维素及木质素含量。

2）液体指标测定

pH 值：称取 5 g 样品于 100 mL 离心管中，用 50 mL 去离子水稀释然后在正常试验室条件下以 10 000 r/min 的速度离心（Avanti J-30，Beckman 公司，美国）15 min。上清液通过 0.22 mm 孔径过滤器过滤，使用酸度计（PHS-3C，上海精密科学仪器有限公司）测定 pH 值。

总氨氮（total ammonia nitrogen，TAN）：包含游离态氨（NH_3）和氨氮

（NH₃–N），采用蒸馏滴定法（ISO 5664：1984）测定。

挥发性脂肪酸（volatile fatty acids，VFAs）：根据 Wang 等描述的方法，使用气相色谱系统（GC）测量总 VFAs 浓度（包括乙酸、丙酸、丁酸和戊酸），使用配有 DB– 蜡填充柱（30 m × 0.32 mm，Agilent Technologies，DE，USA）和火焰离子化检测器的 GC 系统（日本 GC2014 Shimadzu）对总 VFAs 浓度进行分析。注射器和检测器的温度分别保持在 250 ℃ 和 300 ℃，载气为 N₂，烘箱的初始温度为 110 ℃，保持 1 min，然后以 10 ℃ /min 的速度升温至 250 ℃，保持 5 min。

碱度（alkalinity，ALK）：使用 ZDJ–5B 型号的碱度测定仪（上海仪电科学仪器股份有限公司）测定。

3）气体指标测定

用沼气流量计（德国 Ritter）测量沼气袋中收集的沼气量，并用装有热导检测器（TCD 检测器）的气相色谱系统（北京普析通用仪器有限责任公司）分析沼气（CO₂、甲烷、N₂ 和 O₂）的成分，以 5.2 mL/min 的流速将氦气用作载气，检测器室的温度保持在 200 ℃，而烘箱的初始温度为 40 ℃，然后在 1 min 内迅速增加到 60 ℃。以 mL/g VS 表示的每克原料产生的甲烷量与启动时装入反应器的甲烷量，通过减去每克接种物产生的甲烷量与装入控制反应器的甲烷量进行校正。

（4）数据分析

所有数据均采用 SAS（统计分析系统）9.2 for Windows（SAS Institute Inc.，Cary，NC，USA）进行分析。根据每种方法计算平均值和标准误差。采用单因素方差分析法对数据进行分析，并采用 Tukey 的诚实显著性差异检验（阈值 P 值为 0.05）对平均值进行比较。

5.2.2　结果与讨论

（1）甲烷产量

奶牛粪和黄瓜秧混合物料不同 TS 浓度厌氧发酵单位 VS 甲烷日产量如图 5–5 所示。

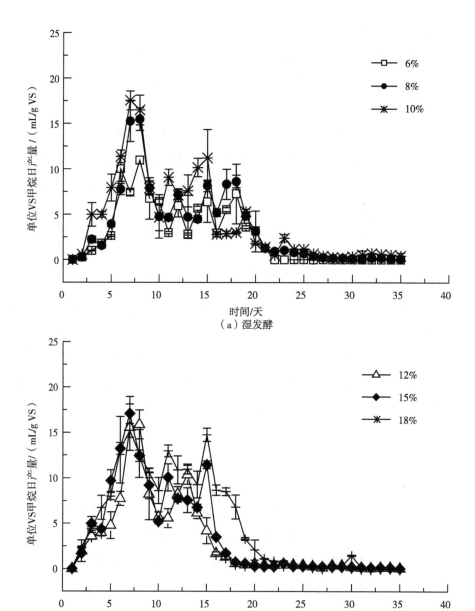

（a）湿发酵

（b）半干发酵

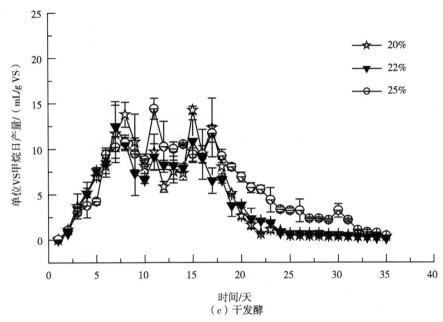

图 5-5　奶牛粪和黄瓜秧混合物料不同 TS 浓度厌氧发酵单位 VS 甲烷日产量

图 5-5 显示了单位 VS 甲烷日产量变化趋势，各处理组从厌氧发酵开始（即有甲烷产生）到第 8 天呈快速上升趋势。各处理组甲烷日产量峰值都较多，峰值集中在第 6～18 天。在本节研究中 TS 浓度主要影响甲烷日产量峰值出现的时间，干发酵甲烷日产量峰值出现的时间较湿发酵推迟了 0～8 天，但湿发酵峰值出现的时间与半干发酵峰值出现的时间接近。这一现象可能是因为干发酵的发酵底物中含有大量可降解物质，在厌氧反应初期大量降解导致 VFAs 过量累积抑制产甲烷菌的活性。

单位 VS 累积甲烷产量随 TS 浓度变化如图 5-6 所示，从图中可以看出，所有的发酵处理中，TS 浓度为 25% 的发酵处理组单位 VS 累积甲烷产量最高（$P < 0.05$），达到 208.0 mL/g VS，与其他处理组相比增幅约为 17%～119%。随着 TS 浓度的增加，单位 VS 累积甲烷产量呈上升趋势。与干发酵相比，湿发酵的单位 VS 累积甲烷产量最低，仅为 95.0～149.8 mL/g VS，其中 TS 浓度为 6% 的处理组单位 VS 累积甲烷产量最低。这一结果与 Yang 等的研究基本一致，其研究显示干湿厌氧发酵（TS 浓度为 8%～38%）累积甲烷产量最佳 TS 浓度为

20%～23%。TS 浓度低于 20% 时，发酵罐体中添加了过多的水影响厌氧微生物营养物质的供给，导致甲烷产量低。但是如果发酵底物中 TS 浓度过高，介质的流变性较差，容易导致不同抑制剂在部分区域累积并减少了微生物对底物的接触，导致产气量降低。本节研究中的最大 TS 浓度设定为 25%，并且接种物、奶牛粪和黄瓜秧的 TS 含量较高（37.4%、37.8% 和 18.6%，表 5-3），因此对奶牛粪和黄瓜秧混合厌氧发酵而言，该 TS 浓度并未使体系有机负荷过量。

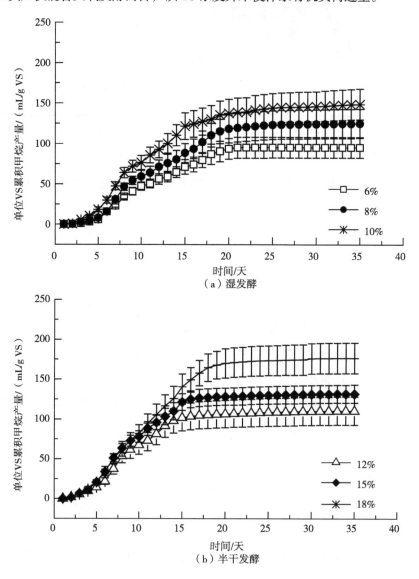

（a）湿发酵

（b）半干发酵

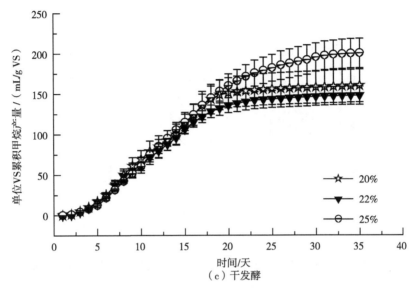

图 5-6　奶牛粪和黄瓜秧不同 TS 浓度厌氧发酵单位 VS 累积甲烷产量

图 5-7 显示了奶牛粪和黄瓜秧厌氧湿发酵、半干发酵和干发酵系统最佳单位 VS 累积甲烷产量（TS 浓度为 10%、18% 和 25%），TS 浓度为 25% 的处理组最佳单位 VS 累积甲烷产量显著高于 TS 浓度 10% 的处理组，但是与 TS 浓度为 18% 的处理组相比差异不显著。奶牛粪和黄瓜秧厌氧发酵在干发酵条件下单位体积累积甲烷产量（$m^3_{methane}/m^3_{reactor\ volume}$）显著（$P < 0.01$）高于在湿发酵条件下的单位体积累积甲烷产量（图 5-8）。但是 TS 浓度为 10%、12% 和 15% 的处理组单位体积累积甲烷产量没有显著性差异（$P > 0.05$）。TS 浓度为 25% 的处理组具有最高单位体积累积甲烷产量，为 10.6 $m^3_{methane}/m^3_{reactor\ volume}$，比其他各处理组提高 0.6 ~ 8.1 倍。这一结果印证了在一定范围内增加发酵罐中发酵底物的 TS 浓度可以降低厌氧发酵罐体的体积和资金成本，提高单位体积累积甲烷产量。

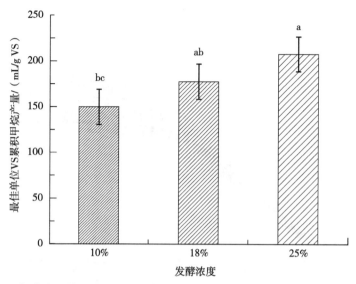

图 5-7 奶牛粪和黄瓜秧湿发酵、半干发酵和干发酵最佳单位 VS 累积甲烷产量

（注：不同的小写字母表示处理间差异显著。）

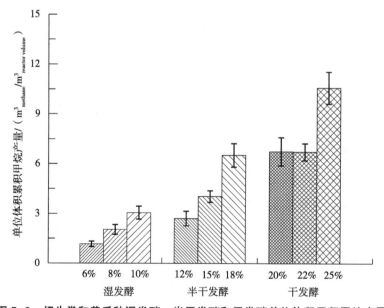

图 5-8 奶牛粪和黄瓜秧湿发酵、半干发酵和干发酵单位体积累积甲烷产量

（2）厌氧发酵初始和最终理化指标

表 5-5 显示，TS 浓度为 6% 的处理组最终 pH 值（6.4）低于 pH 值为 6.5 的产甲烷抑制值，最终 VFAs 浓度（5.0 g/kg）远高于其他处理组。并且该处理组最终 VFAs/ALK（1.06）高于 0.8，表明奶牛粪和黄瓜秧混合厌氧发酵在 TS 浓度为 6% 的时候会导致 VFAs 过量积累，最终导致产气量降低。除 TS 浓度为 6% 的处理组外，其他处理组最终 pH 值在 7.4～8.4，与 Lahav 等提出的建议厌氧发酵 pH 值控制在 7.4 以上的结论相一致；最终 VFAs 浓度在 0.8～2.7 g/kg，接近 Lin 等研究中提到的发酵成功的反应器 VFAs 浓度为 0.3～2.3 g/kg；最终 VFAs/ALK 值为 0.09～0.20，小于 0.3，表明各反应器运行平稳，抗缓冲能力较强；各处理组最终 TAN 浓度在 0.5～2.0 g/kg，低于 2.8 g/kg 的抑制水平。总体来看，除 H6 和 H8 处理组外，VFAs 浓度随着 TS 浓度的增加呈降低趋势，即干发酵比湿发酵和半干发酵 VFAs 浓度低或略低，表明干发酵 VFAs 降解快，提高了单位 VS 甲烷日产量，获得了较高的单位 VS 累积甲烷产量。

表 5-5　厌氧发酵理化指标

处理	TS 浓度	pH 值	TAN 浓度（g/kg）	VFAs 浓度（g/kg）	ALK 浓度（g CaCO$_3$/kg）	VFAs/ALK
		最终	最终	最终	最终	最终
H1	6%	6.4	0.7	5.0	4.7	1.06
H2	8%	7.4	0.8	2.7	13.5	0.20
H3	10%	7.8	0.5	2.5	15.2	0.16
H4	12%	7.6	1.2	1.6	10.2	0.16
H5	15%	7.5	1.3	1.5	10.8	0.14
H6	18%	8.3	1.6	1.8	12.3	0.15
H7	20%	8.3	1.8	1.0	8.9	0.11
H8	22%	8.4	2.0	1.2	7.3	0.16
H9	25%	8.3	1.7	0.8	8.8	0.09

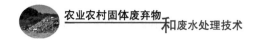

（3）微生物群落结构分析

不同浓度的奶牛粪和黄瓜秧厌氧发酵，TS 浓度为 25% 的系统具有最佳单位 VS 累积甲烷产量，TS 浓度为 6% 的系统单位 VS 累积甲烷产量最低。发酵第 7 天时，单位 VS 甲烷日产量正值高峰，单位 VS 甲烷日产量和单位 VS 累积甲烷产量有较大差异。因此，选取 H1（TS 浓度为 6%）和 H9（TS 浓度为 25%）两个处理组发酵前和发酵第 7 天时的样品进行微生物群落分析。

选取奶牛粪和黄瓜秧混合厌氧发酵起始和高峰期的样本 DNA，以（338F、806R）和（344F、806R）为细菌和古菌的测序引物，以 IonS5TMXL 测序平台（诺禾致源，北京）分别进行 DNA 高通量测序，通过 RDP、QIIME、BLAST 等软件和程序处理数据，对得到的 OTUs 进行物种注释，进而分别得到细菌和古菌的微生物群落物种信息和物种丰度数据。

细菌在厌氧发酵的各个过程和方面都起到至关重要的作用，如蛋白质、多糖、纤维素等物料的分解；乙酸等小分子有机物的转化，都是多种细菌微生物共同作用的结果。厌氧发酵体系中，古菌以产甲烷古菌为主，主要"负责"甲烷产生的最后步骤。甲烷菌的数量、种类与发酵体系的"健康"、产甲烷能力等都有着密切相关的关系。

图 5-9 和表 5-6 显示了奶牛粪和黄瓜秧不同浓度厌氧发酵细菌菌群结构，门分类水平的主要细菌为 *firmicutes*（厚壁菌门）、*bacteroidetes*（拟杆菌门）、*proteobacteria*、*spirochaetes*。*firmicutes* 和 *bacteroidetes* 是优势细菌。厌氧发酵产气高峰期，TS 浓度为 6% 和 25% 的处理组中 *firmicutes* 相对丰度分别达到 37.13% 和 51.27%，TS 浓度为 25% 的处理组相对丰度高于 TS 浓度为 6% 的处理组，表明 TS 浓度高的处理组 *firmicutes* 相对丰度也较高，这与单位 VS 累积甲烷产量相一致（图 5-6）。*bacteroidetes* 在系统中主要起到降解植物废弃物——黄瓜秧的作用，在产气高峰期，干发酵 TS 浓度为 25% 的处理组相对丰度为 34.11%，较 *firmicutes* 相对丰度 51.27% 要小，说明该系统中 *firmicutes* 为主要优势细菌。湿发酵 TS 浓度为 6% 的处理组，*bacteroidetes* 相对丰度达到 45.36%，高于 *firmicutes* 相对丰度（37.13%），表

明该系统中 *bacteroidetes* 为主要优势细菌。

表 5-6　厌氧发酵初始及产气高峰期细菌和古菌的相对丰度

菌群	分类	相对丰度			
		H1.0	H9.0	H1	H9
细菌（门）	*firmicutes*	50.92%	43.26%	37.13%	51.27%
	bacteroidetes	34.51%	34.09%	45.36%	34.11%
	proteobacteria	4.34%	12.52%	1.86%	4.38%
	spirochaetes	0.78%	2.14%	6.04%	5.04%
	fibrobacteres	0.33%	0.95%	3.70%	0.44%
	chloroflexi	1.79%	0.73%	0.68%	0.55%
	unidentified_bacteria	1.86%	0.98%	0.81%	0.53%
	tenericutes	0.35%	1.48%	0.90%	1.19%
	synergistetes	1.12%	0.89%	1.34%	0.79%
	armatimonadetes	0.61%	0.24%	0.13%	0.05%
	其他	3.40%	2.72%	2.04%	1.65%
古菌（属）	*methanoculleus*	9.04%	58.29%	58.42%	68.26%
	methanobrevibacter	20.82%	24.05%	2.49%	11.30%
	methanosarcina	15.34%	4.05%	21.09%	8.80%
	methanospirillum	7.60%	4.46%	3.78%	2.63%
	methanobacterium	2.69%	0.98%	0.75%	0.94%
	methanosaeta	0.74%	0.37%	0.40%	0.19%
	methanocorpusculum	0.30%	0.42%	0.05%	0.12%
	methanosphaera	0.30%	0.15%	0.01%	0.07%
	methanogenium	0.26%	0.21%	0.02%	0.06%
	methanimicrococcus	0.07%	0.17%	0.02%	0.06%
	其他	42.82%	6.91%	12.94%	7.57%

　　注：H1.0、H9.0 代表 TS 浓度为 6%、25% 的发酵初始样品，H1、H9 代表 TS 浓度为 6%、25% 的发酵产气高峰期样品。下同。

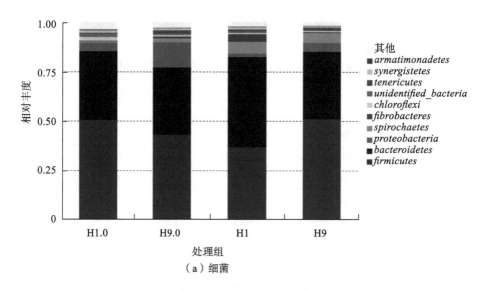

（a）细菌

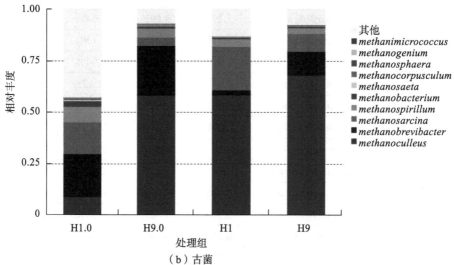

（b）古菌

图 5-9　奶牛粪和黄瓜秧厌氧发酵过程中细菌和古菌组成相对丰度

奶牛粪和黄瓜秧不同浓度厌氧发酵古菌菌群结构如图 5-9 和表 5-6 所示。在属分类水平上，TS 浓度为 6% 和 25% 的处理组发酵初始和产气高峰期体系中的主要古菌为 *methanoculleus*（甲烷囊菌）、*methanobrevibacter*（甲烷短杆菌）和 *methanosarcina*（甲烷八叠球菌）。*methanoculleus* 在厌氧发酵过程中主要利用系统中的甲酸盐和 CO_2 生成甲烷，在产气高峰期，TS 浓度为 6%（H1）和 TS 浓度为 25%（H9）的处理组 *methanoculleus* 相对丰度分别为 58.42% 和 68.26%，TS 浓度为 25% 的处理组高于 TS 浓度为 6% 的处理组。与单位 VS 累积甲烷产量相一致（图 5-6）。*methanosarcina* 相较于其他古菌，对环境不敏感，在乙酸浓度和 VFAs 浓度较高时也能生存，在产气高峰期，TS 浓度为 6%（H1）的处理系统已经酸化，但 *methanosarcina* 的相对丰度很高，达到 21.09%。

Venn 图可以简洁明了地表示出奶牛粪和黄瓜秧厌氧发酵不同 TS 浓度之间微生物物种的共同与差异之处，从图 5-10（a）中可以发现，发酵初期 TS 浓度为 6% 和 25% 的处理组（H1.0、H9.0）及产气高峰期 TS 浓度为 6% 和 25% 的处理组（H1、H9）共有的细菌 OTUs 为 719 种，独有的细菌 OTUs 分别为 32 种、100 种和 50 种、24 种。

基于 OTUs 的 Venn 图可直观得出不同试验组之间共有、特有的 OTUs，是样品微生物多样性的重要表示方式。从图 5-10（b）中可以发现，发酵初期 TS 浓度为 6% 和 25% 的处理组（H1.0、H9.0）及产气高峰期 TS 浓度为 6% 和 25% 的处理组（H1、H9）共有的古菌 OTUs 为 113 种，独有的 OTUs 分别为 86 种、12 种和 5 种、3 种。比较特殊的是，发酵初期 TS 浓度为 6% 的处理组（H1.0）独有的 OTUs 明显高于 TS 浓度为 25% 的处理组，即湿式发酵系统拥有更为复杂的古菌微生物群落组成，可能是因为湿式发酵物料流动性好、传质快。

主成分分析（principal component analysis，PCA）是表示群落结构差异度的一种统计分析方法。该方法基于欧氏距离（euclidean distances）的应用方差解析，对多维数据进行降维，从而提取出数据。样本距离越接近，物种组成结构越相似，群落结构相似度高的样本距离较为接近，而群落结构差异较大的样本分开的距离也越大。

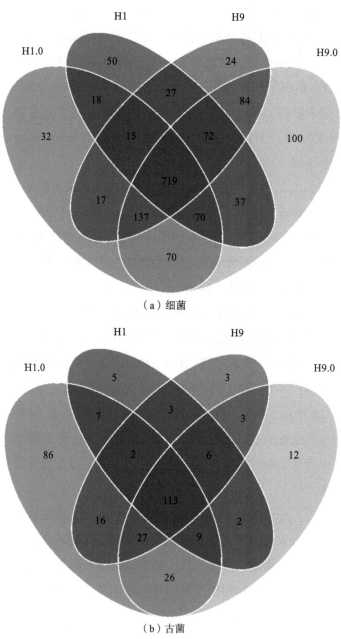

（a）细菌

（b）古菌

图 5-10 细菌微生物群落的 Venn 图

发酵原料初始 TS 浓度对细菌微生物群落的影响较大，如图 5-11（a）所示，TS 浓度为 6% 的处理组厌氧发酵产气高峰期（H1）相对于反应起始阶段（H1.0），欧氏距离较远，说明微生物群落结构变化较大；对于 TS 浓度为 25% 的处理组，厌氧发酵产气高峰期（H9）相对于反应起始阶段（H9.0），欧氏距离较近，微生物群落结构变化较小。结果表明在较低 TS 浓度的发酵条件下，为适应发酵环境，细菌微生物群落结构有较大变化。

TS 浓度对发酵过程中古菌微生物群落构成影响较大，如图 5-11（b）所示，TS 浓度较低（6%）时，发酵高峰时的 H1 相较于发酵起始时的 H1.0，古菌微生物群落组成发生较大变化；而 TS 浓度较高（25%）时，发酵高峰时的 H9 与发酵起始时的 H9.0 相比，变化较小。主成分分析进一步证明了较低的初始 TS 浓度更可能引起古菌微生物群落组成的较大变化，而较高的初始 TS 浓度对古菌微生物群落产生的影响则相对较小。

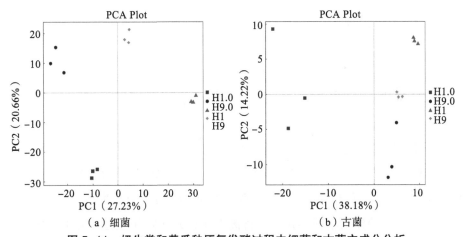

图 5-11　奶牛粪和黄瓜秧厌氧发酵过程中细菌和古菌主成分分析

（4）小结

1）奶牛粪和黄瓜秧混合物料不同浓度厌氧发酵中，TS 浓度为 25% 的处理组单位 VS 累积甲烷产量最高，达到 208.0 mL/g VS。该研究在干发酵条件下单位体积累积甲烷产量（$m^3_{methane}/m^3_{reactor\ volume}$）显著（$P < 0.01$）高于在湿

发酵条件下，TS 浓度为 25% 的处理组具有最高单位体积累积甲烷产量，为 10.6 $m^3_{methane}/m^3_{reactor\ volume}$，比其他各处理组提高 0.6～8.1 倍。

2）除 TS 浓度为 6% 的处理组外，其他处理组的 VFAs 浓度在 0.8～2.7 g/kg，VFAs 浓度随着 TS 浓度的增加呈降低趋势，即干发酵比湿发酵和半干发酵 VFAs 浓度低或略低，干发酵 VFAs 降解快，提高了单位 VS 甲烷日产量，获得了较高的单位 VS 累积甲烷产量。TS 浓度为 8%～25% 的处理组的 VFAs/ALK 值为 0.09～0.20，小于 0.3，各反应器运行平稳，抗缓冲能力较强，与产气量相一致。

3）奶牛粪和黄瓜秧不同浓度厌氧发酵细菌和古菌菌群结构分析表明，产气高峰期，*firmicutes*（厚壁菌门）和 *methanoculleus*（甲烷囊菌）分别是优势细菌和优势古菌，TS 浓度为 6% 和 25% 的处理组 *firmicutes* 相对丰度分别达到 37.13% 和 51.27%，古菌 *methanoculleus*（甲烷囊菌）的相对丰度分别达到 58.42% 和 68.26%，TS 浓度为 25% 的处理组相对丰度均高于 TS 浓度为 6% 的处理组，与单位 VS 累积甲烷产量相一致。

5.3 农村玉米秸秆厌氧发酵产沼气性能

随着农村居民生活水平的提高，农村废弃物越来越多。其中，较为常见的主要有作物秸秆、畜禽粪便和有机生活垃圾。据统计，我国这 3 种废弃物产生量分别为作物秸秆约 1.75 亿 t、畜禽粪便 38 亿 t 和有机生活垃圾 3 亿 t；其中，约 26% 的作物秸秆、50% 的畜禽粪便和大部分有机生活垃圾得不到有效的处理，这不仅污染环境，而且浪费资源。因而，如何高效、合理处理这些废弃物，是一个亟待解决的问题。

研究表明，将这些废弃物进行单独或混合厌氧发酵，不仅能解决环境问题，还能产生清洁能源——沼气。为了提高原料发酵和产气效率，近几年大量国内外学者将研究焦点放在混合物料厌氧发酵上。相对于单一物料，多物料的厌氧发酵具有原料来源广、调节底物营养、优化发酵物碳氮比和减缓发酵物酸化等优势。冯亚君等研究发现，玉米秸秆与鸡粪混合比例为 1 ∶ 2 时厌氧发酵的甲烷产量分别比单一玉米秸秆和单一鸡粪发酵高出 32.6% 和 1.4%。张彬等的研究结果表明，猪粪与玉米秸秆配比为 2 ∶ 1 时的累积沼气产量最大。Wu X.通过向猪粪中添加玉米秸秆、燕麦秸秆和水稻秸秆，发现较猪粪单独发酵，沼气和甲烷产量分别提高了 11 倍和 16 倍。

本试验采用玉米秸秆、有机生活垃圾与奶牛粪进行混合厌氧发酵试验，探讨这 3 种物料不同配比对产沼气性能的影响，为农村多种废弃物集中处理提供技术支撑和理论支持。

5.3.1　材料与方法

（1）试验材料

本试验材料为玉米秸秆、有机生活垃圾和奶牛粪。试验材料理化指标如表 5-7 所示。

表 5-7　试验材料理化指标

参数	玉米秸秆	有机生活垃圾	奶牛粪	接种物
TS 含量	92.1%	10.7%	23.7%	28.2%
VS 含量	82.6%	8.29%	18.9%	13.1%
pH 值	—	6.2	8.1	8.0
TC 含量	47.3%	38.5%	42.7%	27.0%
TN 含量	0.91%	1.85%	2.2%	1.4%
C/N	52.0	20.8	19.7	19.2
TKN 含量	0.89%	1.74%	2.0%	1.4%

玉米秸秆：取自山东省济南市章丘区普集镇，切碎后自然风干，用粉碎机粉碎至 3～5 mm。

有机生活垃圾：取自山东省济南市章丘区普集镇乐家村分类后的有机生活垃圾，主要包括蔬果废弃物和极少量的剩饭剩菜等，用粉碎机打碎。

奶牛粪：新鲜牛粪，取自山东省农业科学院畜牧所奶牛场。

接种物：取自山东省淄博市淄川区法家村正常运行沼气工程沼渣，该工程原料为秸秆和牛粪。

（2）试验设置

试验按照 3 种不同物料的配比（玉米秸秆、有机生活垃圾与奶牛粪的湿基质量比）共设置 6 个处理组，具体设置如表 5-8 所示。另设置对照组 CK（只以接种物为原料）。每个处理组重复 3 次。设计接种率为 41%（以接种污泥 TS 为发酵原料总 TS 的百分数计）。通过加入不同量的自来水调节各处理组发酵浓度为 12%。添加物料后，向发酵瓶中吹 N_2 1 min，以保证严格的厌氧环境。试验期间，每天上午 9：00 测定沼气产量，每 2～4 天测定沼气成分，每 3～8 天取样测定 pH 值和 VFAs 浓度。试验装置如图 5-12 所示。

表 5-8　试验设置

处理	玉米秸秆：有机生活垃圾：奶牛粪
T1	1：0：0
T2	1：2：0
T3	1：1.5：0.5
T4	1：1：1
T5	1：0.5：1.5
T6	1：0：2

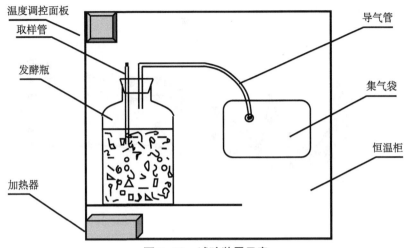

温度调控面板

取样管

发酵瓶

加热器

导气管

集气袋

恒温柜

图 5-12　试验装置示意

（3）指标测定方法

TS、VS 含量采用烘干失重方法测定；pH 值采用 pH 计（上海 Bante220）测定；沼气产量通过沼气流量计（德国 Ritter，TG05-5）测定；气体成分采用气相色谱法测定（普析 GC1100）；VFAs 浓度采用气相色谱法（岛津 GC-2014）测定；TC 含量用 TOC 测定仪（德国耶拿，multi N/C 3100）测定；TKN 含量用凯氏定氮仪（瑞士 BUCHI，k-375）测定。

5.3.2　结果与分析

（1）厌氧发酵过程中 pH 值变化

多项研究表明，pH 值在 7 左右时产甲烷菌比较活跃。本试验各处理组 pH 值变化如图 5-13 所示。6 个处理组 pH 值变化呈现先降低后升高，然后基本趋于稳定的趋势，T3、T4、T5 和 T6 处理组的 pH 值基本维持在 7 左右，T1 和 T2 处理组的 pH 值基本在 6 以下。这表明玉米秸秆单一物料发酵易酸化，与单位 TS 累积产气量偏低吻合。玉米秸秆与有机生活垃圾混合发酵 pH 值也较低，也易发生酸化。

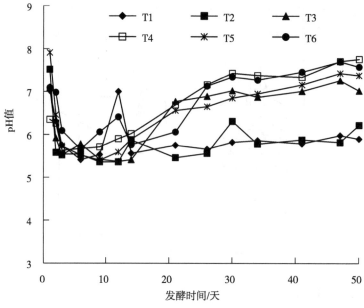

图 5-13　不同处理组的 pH 值变化

（2）厌氧发酵过程中 VFAs 浓度的变化

VFAs 的积累与消耗是厌氧反应进程指示性参数。从图 5-14 可以看出，6 个不同处理组 VFAs 浓度变化趋势基本一致，先升高后降低。各处理组 VFAs 浓度都在厌氧发酵第 2～3 天达到高峰值。T1 组在第 3 天达到高峰值 2712 mg/L，然后迅速下降，后缓慢上升，至发酵第 26 天时达到 1141 mg/L，在发酵第 34 天时达到 1376 mg/L，可见玉米秸秆单一物料发酵易形成酸累积。T2 组的 VFAs 浓度在发酵的第 3 天达到最高值 2985 mg/L，第 9 天又出现一个峰值 1165 mg/L，这与 pH 值的变化有很好的符合性。其他组的 VFAs 浓度变化较平稳。

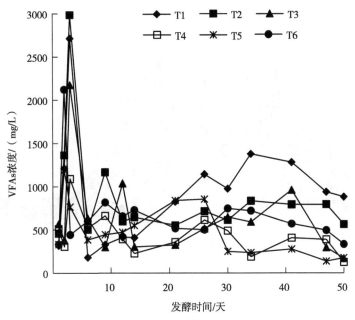

图 5-14　不同处理组的 VFAs 浓度变化

（3）产气情况的变化

1）厌氧发酵日产气量

从图 5-15 可以看出，T3、T4 和 T5 组日产气量较高，要高于 T1、T2 和 T6 组的日产气量。这表明相比单一物料发酵和两种物料混合发酵，3 种物料混合发酵可以提高日产气量。各处理组产气高峰出现的先后顺序是 T2、T3、T4、T5、T6、T1，这表明在玉米秸秆投加比例为 1 的情况下，有机生活垃圾和奶牛粪配比的不同影响产气高峰出现时间，产气高峰会随着有机生活垃圾配比的升高而提前，加入有机生活垃圾可以提高发酵效率。

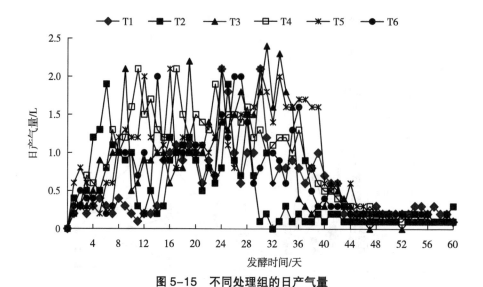

图 5-15　不同处理组的日产气量

一般认为，产气量达到总产气量的 90% 以上即可认为发酵基本完成。T1 组完成厌氧发酵的时间为 46 天，T2、T3、T4、T5 和 T6 组完成厌氧发酵的时间分别为 41 天、36 天、38 天、39 天和 38 天，这表明玉米秸秆与有机生活垃圾和奶牛粪混合发酵能缩短厌氧发酵完成时间。

2）甲烷浓度

从图 5-16 来看，各处理变化趋势基本一致且相差不大，先增加，后基本不变。厌氧消化第 6 天以后，甲烷浓度基本稳定在 55%～65%。混合物料发酵（T2、T3、T4、T5 和 T6 组）的甲烷浓度高于玉米秸秆单一发酵（T1 组）。

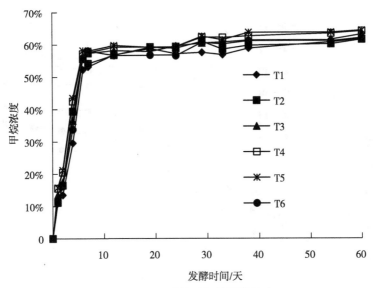

图 5-16　不同处理组的甲烷浓度

3）单位 TS 累积产气量

从图 5-17 可以看出，T1、T2、T3、T4、T5 和 T6 组单位 TS 累积产气量大小
顺序是 T5（294 mL/g）＞ T4（279 mL/g）＞ T3（250 mL/g）＞ T6（216 mL/g）＞
T2（188 mL/g）＞ T1（157 mL/g）。玉米秸秆单一物料厌氧发酵单位 TS 累
积产气量最低，仅为 157 mL/g，玉米秸秆与有机生活垃圾、玉米秸秆与奶牛
粪双物料厌氧发酵单位 TS 累积产气量高于玉米秸秆单独发酵，玉米秸秆、
有机生活垃圾和奶牛粪三者混合发酵单位 TS 累积产气量高于单物料和双物
料，三者配比为 1∶0.5∶1.5 的处理最高，达到 294 mL/g，比玉米秸秆单一
物料发酵提高 87.3%。

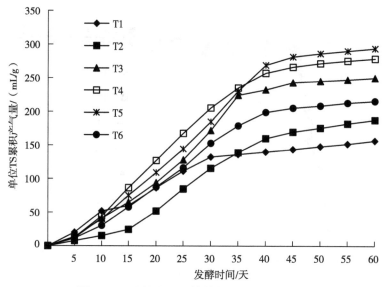

图 5-17 不同处理组的单位 TS 累积产气量

5.3.3 讨论

（1）玉米秸秆具有木质纤维含量高、容重小易漂浮、表层含有蜡质不易降解等特点，如果不进行预处理直接厌氧发酵，会造成发酵难、产期效率低等问题。玉米秸秆和农业、农村其他有机废弃物，如奶牛粪、有机生活垃圾等物料混合厌氧发酵能提高原料产气率，具有较好的效果。

（2）2014 年农村大中型沼气工程转型升级，我国主要支持特大型沼气工程（日产生物天然气 1 万 m^3 以上规模项目，厌氧消化器不低于 1.67 万 m^3），3 种农村废弃物混合物料厌氧发酵主要适用于缺乏燃料的农村建设的大中型沼气工程，还适用于目前特大型沼气工程，这不仅可以提供清洁能源，还能改善居民生活环境，是农村废弃物资源化利用的有效方式。

（3）玉米秸秆作为厌氧发酵原料，建议先进行微生物或酸碱预处理，可以提高发酵效率。

5.3.4　结论

（1）合适的物料配比能改善原料的厌氧发酵性能，并促进产气速率及单位 TS 累积产气量。本节研究表明玉米秸秆、有机生活垃圾和奶牛粪配比 1：0.5：1.5 时单位 TS 累积产气量最高，达到 294 mL/g。

（2）玉米秸秆、有机生活垃圾和奶牛粪三物料混合发酵不同物料配比能影响系统中酸的浓度，合适的配比能防止系统酸化。

（3）发酵原料的不同配比能影响厌氧发酵速率和厌氧发酵完成时间。3 种农村废弃物（玉米秸秆、有机生活垃圾、奶牛粪）混合发酵相比玉米秸秆单一发酵可以减少发酵周期。

参考文献

[1] 朱德文，曹成茂，陈永生，等.秸秆厌氧干发酵产沼气关键技术及问题探讨 [J]. 中国农机化，2011（4）：56–59.

[2] 李轶，刘雨秋，张镇，等.玉米秸秆与猪粪混合厌氧发酵产沼气工艺优化 [J]. 农业工程学报，2014，30（5）：185–192.

[3] 张田，卜美东，耿维，等.中国畜禽粪便污染现状及产沼气潜力 [J]. 生态学杂志，2012，31（5）：1241–1249.

[4] 罗娟，董保成，陈羚，等.畜禽粪便与玉米秸秆厌氧消化的产气特性试验 [J]. 农业工程学报，2012，28（10）：219–224.

[5] 普锦成，袁进，李晓姣，等.我国农村生活垃圾污染现状与治理对策 [J]. 现代农业科技，2012（4）：283–285.

[6] 国务院第二次全国农业普查领导小组办公室，中华人民共和国国家统计局.中国第二次全国农业普查资料汇编 [G]. 北京：中国统计出版社，2009.

[7] 李东，叶景清，甄峰，等.稻草与鸡粪配比对混合厌氧消化产气率的影响 [J]. 农业工程学报，2013，29（2）：232–238.

[8] 贺延龄.废水的厌氧生物处理 [M]. 北京：中国轻工业出版社，1998.

[9] 康佳丽.稻草中温高效厌氧消化生产生物气的实验研究 [D]. 北京：北京化工大学，2007.

[10] 任海伟，姚兴泉，李金平，等．玉米秸秆储存方式对其与牛粪混合厌氧消化特性的影响 [J]. 农业工程学报，2014，30（18）：213-222.

[11] 陈广银，郑正，邹星星，等．牛粪与互花米草混合厌氧消化产沼气的试验 [J]. 农业工程学报，2009，25（3）：179-183.

[12] 刘荣厚，王远远，孙辰，等．蔬菜废弃物厌氧发酵制取沼气的试验研究 [J]. 农业工程学报，2008，24（4）：209-213.

[13] 李秀辰，张国琛，孙文，等．不同预处理和发酵条件对浒苔沼气产率的影响 [J]. 农业工程学报，2012，28（19）：200-206.

[14] 陈甲甲，李秀金，刘研萍，等．搅拌转速对稻草厌氧消化性能的影响 [J]. 农业工程学报，2011，27（2）：144-148.

[15] 崔明，赵立欣，田宜水，等．中国主要农作物秸秆资源能源化利用分析评价 [J]. 农业工程学报，2008，24（12）：291-296.

[16] 葛一洪，邱凌，HASSANEIN A A，等．马铃薯茎叶与玉米秸秆混合厌氧消化工艺参数优化 [J]. 农业机械学报，2016，47（4）：173-179.

[17] 吴楠，孔垂雪，刘景涛，等．农作物秸秆产沼气技术研究进展 [J]. 中国沼气，2012，30（4）：14-20.

[18] 陈广银，杜静，常志州，等．基于改进秸秆床发酵系统的厌氧发酵产沼气特性 [J]. 农业工程学报，2014，30（20）：244-251.

[19] 冯亚君，袁海荣，张良，等．玉米秸与鸡粪混合厌氧消化产气性能与协同作用 [J]. 环境工程学报，2013，7（4）：1490-1494.

[20] 张彬，蒋滔，高立洪，等．猪粪与玉米秸秆混合中温发酵产气效果 [J]. 环境工程学报，2014，8（11）：4991-4997.

[21] 王艳芹，付龙云，杨光，等．农村有机生活垃圾等混合物料厌氧发酵产沼气性能 [J]. 农业环境科学学报，2016（6）：1173-1179.

[22] GRIYN M E, MCMAHON K D, MACKIE R I, et al. Methanogenic population dynamics during start-up of anaerobic digesters treating municipal solid waste and biosolid[J]. Biotechnology Bioengineering, 1998, 57（3）：342-355.

[23] LIN J, ZUO J E, GAN L L. Effects of mixture ratio on anaerobic co-digestion

with fruit and vegetable waste and food waste of China[J]. Journal of Environmental Sciences, 2011, 23（8）: 1403-1408.

[24] WANG X J, YANG G H, FENG Y Z, et al. Potential for biogas production from anaerobic co-digestion of dairy and chicken manure with corn stalks[J]. Advanced Materials and Technologies, 2012, 347: 2484-2492.

[25] XIE S, LAWLOR P G, FROST J P, et al. Effect of pig manure to grass silage ratio on methane production in batch anaerobic co-digestion of concentrated pig manure and grass silage[J]. Bioresource Technology, 2011, 102（10）: 5728-5733.

[26] ZHONG W Z, ZHANG Z Z, LUO Y J, et al. Effect of biological pretreatment in enhancing corn straw biogas production[J]. Bioresource Technology, 2011, 102（24）: 11177-11182.

[27] FU S F, WANG F, YUAN X Z, et al. The thermophilic（55 ℃）microaerobic pretreatment of corn straw for anaerobic digestion[J]. Bioresource Technology, 2015, 175: 203-208.

[28] PARK S, LI Y. Evaluation of methane production and macronutrient degradation in the anaerobic co-digestion of alage biomass residue and lipid waste[J]. Bioresource Technology, 2012, 111: 42-48.

[29] WANG F, HIDAKA T, TSUNO H, et al. Co-digestion of polylactide and kitchen garbage in hyperthermophilic and thermophilic continuous anaerobic process[J]. Bioresource Technology, 2012, 112: 67-74.

[30] LIN L, YANG L C, LI Y B, et al. Effect of feedstock components on thermophilic solid-state anaerobic digestion of yard trimmings [J]. Energy & Fuels, 2015, 29: 3699-3706.

[31] XIE S, LAWLOR P G, FROST J, et al. Effect of pig manure to grass silage ratio on methane production in batch anaerobic co-digestion of concentrated pig manure and grass silage[J]. Bioresource Technology, 2011, 102（10）: 5728-5733.

[32] GE X M, MATSUMOTO T, KEITH L, et al. Biogas energy production from tropical biomass wastes by anaerobic digestion[J]. Bioresource Technology, 2014, 169（5）:

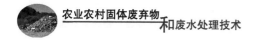
38-44.

[33] ZHANG T, MAO C L, ZHAI N N, et al. Influence of initial pH on thermophilic anaerobic co-digestion of swine manure and maize stalk[J]. Waste Management, 2015, 35: 119-126.

[34] WANG X J, YANG G H, FENG Y Z, et al. Potential for biogas production from anaerobic co-digestion of dairy and chicken manure with corn stalks[J]. Advanced Materials and Technologies, 2012, 347: 2484-2492.

[35] YE J Q, LI D, SUN Y M, et al. Improved biogas production from rice straw by co-digestion with kitchen waste and pig manure[J].Waste Management, 2013, 33 (12): 2653-2658.

第6章
区块链技术在农村沼气发展中的应用前景

沼气又称生物天然气，是一种以甲烷为主的可燃性气体，完全燃烧产物为 H_2O 和 CO_2，清洁环保。沼气生产工艺相对简便，原料来源广泛，各类农作物秸秆、人畜粪便、餐厨垃圾、菌渣等有机废弃物均可用于生产沼气，适合在广大农村地区推广。

自 20 世纪初罗国瑞在广东建立第一座沼气池以来，我国沼气产业取得了长足发展。据《全国农村沼气发展"十三五"规划》，截至 2015 年底，全国共有农村沼气池 4193.3 万处，各类大中型沼气工程 110 975 座，年产沼气量 158 亿 m^3，约占全国天然气消费量的 5%，对保障国家能源安全起到了积极作用。沼气产业还兼具良好的环保属性，国家大力推进的"果菜茶有机肥替代化肥行动""规模化禽畜养殖面源污染防控"等系统工程中，沼气项目都是不可或缺的一环。针对各地区、各行业的实际情况，因地制宜，发展多元化的沼气产业，对于缓解农村能源紧缺和建设美丽乡村具有重要意义。

然而，我国农村沼气的发展仍存在一定缺陷，主要体现在政策支持、资金补助、技术水平、投入产出比等方面，存在主管部门信息不灵、补贴资金不到位、农民热情不高、专业服务难以实现等问题，这些问题制约着农村沼气产业的发展，亟须加以解决。笔者经过实地调研和查阅大量文献后发现，其中一个重要原因是农村沼气产业链各环节联系不紧密、信息沟通不畅，严重制约了工作效率的提高。针对农村沼气分散性、差异性、独立性等固有特征，如何解决产业痛点，实现信息的畅通流动，近年来兴起的区块链技术为问题的解决提供了一些思路。

区块链技术（blockchain technology）的概念最早于 2008 年由中本聪在《比特币：一种点对点的电子现金系统》一文中提出，具有去中心化、去信任化、公平性、不可篡改性、开放性等特点，目前在数据管理、金融、能源等领域应用愈加深入。尽管由该技术衍生的比特币等"电子货币"尚存在一定的争议，但不可否认的是，相对于传统中心化的管理系统，区块链技术具有得天独厚的优势。

本章首先分析了现阶段我国农村沼气发展现状及制约其发展的主要"瓶颈"问题；然后综述了区块链技术的基本概念，介绍其固有特点、相对优势等；进而侧重介绍该技术成功运用的领域，包括金融、管理、农业、能源等方面；最后结合我国农村沼气发展现状和存在的不足，分析区块链技术在数据收集、产业促进、产业链完善、智能化服务等方面的应用前景，为促进农村沼气事业发展提供一定的参考。

6.1 农村沼气发展的瓶颈问题

6.1.1 农村沼气发展情况

自 1949 年以来，受不同时期国民经济状况、产业政策和技术水平等的影响，我国农村沼气事业经历了所谓"三起两落"，但是总体上仍有显著发展，具体表现在以下几个方面。

一是沼气设施数量上的大幅增长，农村户用沼气池从 20 世纪 70 年代初的 700 万处，增长到 2015 年底的 4193.3 万处，受益人口达到 2 亿。

二是产业支持政策的保障，2004 年起每年的中央一号文件、《中华人民共和国可再生能源法》、《可再生能源中长期发展规划》、《全国农村沼气发展"十三五"规划》等政策法规为农村沼气产业的发展提供了多项制度和机制上的保障。

三是产业资金的支持，据《全国农村沼气发展"十三五"规划》测算，"十三五"期间农村沼气工程总投资额将达 500 亿元，其中户用沼气达 33.3

亿元。

四是沼气科学技术的进步，厌氧微生物、新型发酵工艺等部分科研成果接近国际领先水平，部分核心技术和装备的研发取得突破。

五是产业模式的多元化，以沼气为枢纽，种植业、畜牧业、农产品加工业有机结合，形成了"畜－沼－果（菜、茶）""种植－养殖－有机肥－种植"等多种产业模式。

六是沼气产业标准体系的逐步完善，《户用沼气池标准图集》《农村家用沼气发酵工艺规程》《农村家用沼气管路设计规范》等一批国家和行业、地方标准的颁布施行，促进了沼气产业的规范化发展。

七是技术服务配套体系的逐步完善，截至 2015 年底，县（区）级沼气技术服务站达 1140 处，乡村沼气服务网点达到 11.07 万个，实现沼气用户覆盖率达 74.3%，有利于维护沼气工程的正常运行。

农村沼气事业的发展，可有效消纳有机废弃物、缓解能源短缺，符合绿色发展道路，契合乡村振兴战略，是美丽乡村建设的重要力量。

6.1.2　农村沼气存在的问题

近年来，随着我国城镇化、老龄化的加快和农业生产规模化的发展，农村地区人口结构、生产力水平和生活模式发生深刻变化，部分地区农村沼气出现了群众使用意愿下降、使用率降低甚至沼气池废弃的现象。这种现象的出现，与人民群众追求优美生态环境和便捷绿色能源的要求并不相符。如何从农村沼气固有特点和现阶段基本情况出发，采取措施促进沼气事业健康长久发展，有几个方面的突出问题亟须解决。

第一，产业政策未完全契合农村沼气发展现状，主要体现在目前我国沼气产业的政策扶持、资金补助等措施往往集中在产业前端，即所谓的"前端补助模式"。该模式注重产业前期建设，虽然能够集中优势力量，在短期内促进沼气产业的快速发展，却对项目后期维护、绩效考评等不够重视，往往导致后劲、持续性不足，影响了沼气产业的健康平稳发展。德国、丹麦等沼气产业发达国家则更多采用基于沼气产出经济效益、环保效益的"后端补助模式"，能够更好调动产业人员的积极性，促进沼气工程长期平稳运行。但是，也必须认识到"后端补助模式"需具备良好的经济基础和技术条件，而我国各地区农村发展很不平衡，农民对沼气产业热情度也有待提高，特别是我国农村沼气在硬件、软件上与西方发达国家仍存在较大差距。如何将后端补助与前端补助有机结合，促进沼气产业持续健康发展，仍有诸多困难需要克服。

第二，科研工作与实际生产之间存在一定距离，科技成果实际转化率有待提高。近年来，我国沼气科研工作取得较大进展，特别是沼气微生物、发酵工艺、物料预处理等方面研究进展显著，高水平科研论文逐年递增，多项成果已接近或超越国际先进水平。但是限于我国不同地区的巨大差异性、沼气产业的分散性和经济适用性等原因，目前先进技术手段在沼气生产一线中的转化率仍然较低，许多地区仍在延续 20 世纪 50、60 年代的发酵设备、工艺。如何使科研工作更好地对接实际生产，使先进技术更快、更好地转化为生产力，仍是一个亟须解决的问题。

第三，配套服务与产业发展的对接存在盲区，合作关系有待理顺。随着我国对农村环保、可再生能源的日益重视及沼气产业的发展，沼气产业相关的辅助配套性服务日趋多样。多种类型的沼气工程公司、技术服务站、农村服务网点等实体活跃于市场的各个角落，为沼气产业的发展提供了诸多便利。但是，由于农村沼气的分散性、特殊性，业主的需求常常不能迅速、有效地传达给服务人员，生产中遇到的一些关键问题得不到快速、合理地解决，严重降低了工作效率，甚至可能酿成安全生产事故；而专业服务人员由于不能有效收集用户信息，难以针对性地开展工作帮助用户解决问题，工作效率难以提高，经济效益受到影响。如何理顺配套服务的供需关系，实现配套服务与产业发展的有效对接，仍有大量工作需要完成。

总之，作为一条包含"政、农、企、学"等多个关联方的全产业链，农村沼气产业的发展是一个复杂的系统工程。如何使政策的制定更符合产业发展需求，使农民对沼气更有参与热情、技术水平得到提高，使沼气服务性行

业经济效益得到提高，使科研工作更好地转化为实际生产力，保证信息在各
环节之间的有效流动是解决问题的关键。

6.2　区块链技术的概念和特点

区块链技术是一种崭新的数据采集、存储、加密和交换的技术方案，
如图 6-1 所示，它包含系统内所有参与节点，将一段时间内产生的所有数
据以特定的密码学算法记录在特定区块（block）中，再按照时间顺序链接
各区块，形成区块链（blockchain）的数据结构。区块数据的真实性、有
效性可通过所有参与节点进行验证。区块链技术可理解为一种公共"记账"
平台，该平台不存在任何控制者，所有参与者都可"记账"，任何"账本"
完全公开、不可篡改、可追溯，从而保证了"账务信息"的真实可靠、客
观公正。综合来看，区块链技术具有以下几个区别于传统数据处理技术的
重要特征。

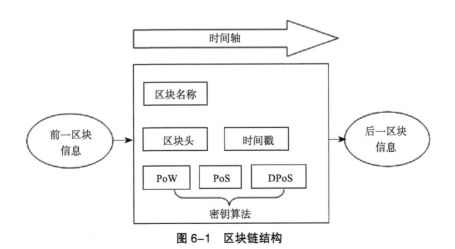

图 6-1　区块链结构

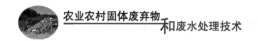

6.2.1　去中心化与公平性

系统中并不存在专门存储数据的中心化节点，任何系统内的参与者都是地位平等节点，都可以获取整个区块链的完整拷贝，掌握整个区块链的完整数据信息；同样，任何一个节点的缺失，都不影响区块链的完整性。

6.2.2　去信任化与交易透明

各节点相互交易时，数据须通过加密数字签名技术进行验证，节点彼此之间身份匿名，无须知晓各自的身份；同时，该交易是对整个区块链透明的，交易记录全链可查。

6.2.3　不可篡改与可追溯

按照区块链技术的设计，区块链内数据一旦形成，就被记录在任意节点内，除非能够控制 51% 以上的节点，否则单个或若干个节点对数据的修改是无效的；而实际情况下，该情况几乎不可能出现，从而保证了数据的不可篡改；区块链内不同数据区块前后相连，也保证了数据的可追溯性。

6.2.4　竞争与合作性

区块链内的各参与者通过计算（数据挖掘等）竞争区块链记账权，同时越激烈的竞争计算，越能确保整个区块链的完整和安全，区块链内的参与者是竞争又合作的关系，实现了个体利益和整体利益的完美融合。

6.3　区块链技术的应用与发展

自 2008 年中本聪在论文《比特币：一种点对点的电子现金系统》中首次提出概念以来，区块链技术经历了三代技术体系的进化，即区块链技术 1.0，区块链技术 2.0 和区块链技术 3.0，自身理论更加成熟，应用范围也越来越广。

6.3.1　区块链技术 1.0

区块链技术 1.0 指以比特币为代表的数字货币及其衍生品，应用于数字支付领域，其他类似的数字货币还有莱特币、瑞波币等，但需要注意的是，迄今为止这些数字货币并没有获得主要大国和金融机构的承认，没有国家信用背书的数字货币前景仍然充满疑问。

6.3.2　区块链技术 2.0

区块链技术 2.0 延伸到金融领域的多个方面，如银行、股票、财务审计、保险等领域，各国政府和著名企业也对其发展态度积极。美国纽约证券交易所 2015 年 12 月即推出了基于区块链技术的交易平台 Linq；花旗银行、高盛、摩根大通等世界知名财团投入资金，抢占区块链金融领域的制高点；德勤、安永等会计师事务所组建了区块链技术团队，以提高审计工作效率；国内阳光保险率先在保险领域引入区块链技术，于 2016 年 3 月首次推出了基于区块链底层架构的促销活动。金融是现代经济的核心，区块链技术在金融领域内蓬勃发展的丰富经验，非常值得其他领域借鉴和推广。

6.3.3　区块链技术 3.0

区块链技术 3.0 不限于金融领域，通过自身技术的不断完善，及与互联网、物联网、云计算等技术深度融合，已拓展到管理、社交、文化、能源和农业等社会生活的众多方面。关于区块链技术的研究报道涉及面越来越广泛，如美国学者 Melanie 在 2015 年即预测了区块链技术的大量应用场景；李彬等介绍了一种基于异构区块链的多能系统交换体系及其在能源网络中的应用；王毛路等综述了区块链技术在政府治理中的应用前景；王娟娟等对区块链技术在物流中的应用场景进行了分析；杨洋等综述了区块链技术在农业领域的应用前景及面临的挑战等。应用上，以 IBM、英特尔（Intel）、微软（Microsoft）等公司为代表的科技巨头先后推出了基于区块链技术的多项应用，微软公司推出了"区块链即服务"企业解决方案，IBM 公司构建了"BLOCKCHAIN–AS–A–SERVICE"系列服务，英特尔则尝试在游戏开发中引入区块链技术；国内百度、网易、迅雷等科技型企业也推出了"百度莱茨狗""网易星球""迅雷链克"等区块链应用平台，一时间吸引了大量用户。区块链技术理论的迅速发展和应用实例的大爆发不仅证明了其旺盛的生命力和巨大的潜力，也反过来促进了技术本身的进步和推广。

6.4　区块链技术在农村沼气领域应用的可行性

我国沼气事业的发展已有百余年历史，而区块链技术的问世则仅有十余年时间，新兴的区块链技术能否在农村沼气领域发挥建设性作用？我们从"农村沼气发展瓶颈问题""区块链技术自身已具备的应用场景""区块链技术在农村应用所需要的软硬件基础"3个方面进行可行性分析。

6.4.1　农村沼气的发展需要创新性的解决方案

与规模化、工厂化的大型沼气工程相比，农村沼气无论是发酵设备、发酵工艺、沼气利用方式，还是人员专业技能、管理手段等都较为落后。虽然多年来有关部门和专业机构等对沼气先进技术、标准和设备进行了大力推广，但限于农村地理分散、沼气工艺多样、管理落后、监管和维护难度大等多种主客观因素，农村沼气的发展仍有很长的路要走。如何针对农村沼气分散性、多样性、盲目性等主要特点，"有的放矢"地采取相应措施是解决问题的关键。有别于传统"以点带面"的管理举措和技术服务，区块链技术具有去中心化、去信任化、不可篡改等固有特征，如果合理运用可有效促进农村沼气产业的健康发展。

6.4.2　区块链技术领域自身的应用场景不断拓展

如前文所述，虽然创立仅有十余年时间，但区块链技术的发展却已经历了3个世代：区块链技术1.0、2.0和3.0，技术上愈加成熟，应用场景不断拓展。区块链技术已从最初单纯的"虚拟货币"拓展到金融、管理、社交等诸多领域，基于去中心化、去信任化、可追溯性等特有优势，已实现了在资金管理、数据校验、规范行为等方面的有效应用。在工业、农业等传统行业的转型升级中，实现信息"数字化"是重要的要求。而区块链技术能够提供"可信数字化"的解决方案，对于推动传统行业的创新发展具有积极的意义。目前，我国区块链产业正处于高速发展阶段，北京、上海、广州、重庆等多地发布政策指导，布局推动区块链产业发展。工业和信息化部发布的《2018年中国区块链产业发展白皮书》显示：截至 2018 年 3 月底，我国区块链产业公司数量达 456 家，行业已初具规模。区块链技术在各行业的积极应用和大胆探索，为其在农村沼气领域的有效落地提供了良好示范。

6.4.3　农村区块链技术应用的软硬件基础条件已具备

区块链技术在农村沼气领域的落地，离不开物联网、互联网、高性能硬件等软硬件技术的支持。只有实现信息的精准收集、快速传递和高效处理，才能发挥出区块链技术的特有优势。

自第三次工业革命以来，信息科学与计算机技术的进步日新月异。互联网技术的发展，使得世界范围内海量信息的高效交流不再是梦想。而 4G 和5G 通信技术、高性能硬件及人工智能（artificial intelligence，AI）算法等的广泛应用，为物联网的发展打下了基础。"万物互联"逐步深入到社会各个方面，不仅提高了生产效率，也为生活提供了诸多便利。近年来，我国相关技术发展更是十分迅猛，华为、浪潮等企业已广泛参与到世界范围内相关技术规则的制定中，中国移动的 4G 信号已覆盖全国 99% 以上的人口，中国电信实现了低功耗的窄带物联网（narrow band internet of things，NB-IoT）全覆盖。农村地区信息化建设虽然起点相对较低，但是进展很快，国家大力推进的"村村通"工程、农村信息化建设等措施大大改善了农村信息化软硬件条件，也改变了传统农村"闭塞"的面貌。技术上的长足进步和完善，为区块链技术在农村沼气领域的落地打下了基础。

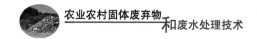

6.5　区块链技术在农村沼气领域的应用方式

为促进农村沼气事业的健康发展，解决困扰广大沼气从业人员的若干"痛点"，下面将结合我国农村沼气发展现状和区块链技术特点，从"公平""安全""高效"等区块链技术特有优势出发，探究该技术在农村沼气领域可能的应用方式。

6.5.1　项目运行与指导维护

不论规模大小，一座完整的沼气设施至少应由产气装置、集气装置、用气或输气装置组成，其正常运行又受发酵原料、接种物、温度等影响。汪海波等进一步认为，我国农村沼气生产还要受地区生物质资源量、农民收入、气候条件、其他能源价格及公民教育水平等不同方面影响。农村沼气类型差异大、涉及面广、影响因素多，需要各方面统筹协力才能取得较好发展，仅凭农户自身难以维持长时间正常运营。而借助于区块链与互联网、物联网技术，在农村沼气设施不同装置处安装 GPS 定位器、红外感应器、射频识别器等终端设备，将整个沼气生产系统连接起来，可实现实时信息交换与通信，达到人与人之间、人与设备之间、设备与设备之间有效互动，从而改变传统的人工管理模式，降低运行成本，实现智能化、精准化管理。在此过程中，应用区块链技术对信息进行分布存储和分布式计算，可摆脱"中心化"控制平台，更好地契合农村沼气分布广泛、类型繁杂的特点，同时保证数据的可靠性、不可篡改性，使从业人员、科研人员、技术服务部门均可准确无误地获得"透明"信息、做出正确决策。同时，在包括原料供应、厌氧发酵和"三沼"产出的沼气产业链上中下游，可耦合区块链技术与互联网、物联网，构建"区块链沼气全产业网络"，精准调控投入与产出，实现按需定制，确保整个产业链的畅通。

6.5.2　政策引导与资金保障

良好的政策引导是农村沼气事业健康发展的有力保障，为鼓励沼气事业的发展，我国各级政府出台了一系列激励措施，《中华人民共和国可再生能源法》《中华人民共和国农业技术推广法》《全国农村沼气发展"十三五"规划》等政策法规有力推动了农村沼气事业的发展。但是，我国幅员辽阔，各地农村差异极大，如何根据各地具体情况精准施策仍面临较大难度，尤其需要解决数据的"即时性""真实性""可靠性"等问题。近年来，国家每年都会安排一定资金专门用于支持沼气事业，为各地沼气建设提供设备购置补贴、基建补贴、人员培训补贴等一系列资助。然而，这些资助仍以"前端补助模式"为主，侧重对项目建设完工率、设备采购率等进行考核，对项目建成以后的运行情况缺乏必要的考查和指导，对部分沼气设施出现的"停工""废弃"等不良现象约束不足。借鉴德国、丹麦等国先进经验的"后端补助模式"，虽然更加市场化，能更好调动相关人员积极性，但是必须解决"准确计量""防篡改""数据共享""即时通信"等问题，才能更好地发挥作用。区块链技术与互联网、物联网技术相融合，为农村沼气引导政策和补贴资金精准落地创造了条件。先通过智能流量计、射频识别器、气体成分探头等设备，准确采集项目的沼气产量、浓度等必要信息，再通过物联网、互联网接入分布式计算平台并进行必要换算，基于区块链分布式存储记账的特性，利用区块链技术全程记录沼气的产生、输送和消耗等过程，可最大限度地保证数据不被篡改、不被伪造、真实可靠和全向透明。因此，政府部门和科研机构可全程从区块链上了解各地真实的农村沼气运行情况，从而精准施策、有的放矢地开展科学研究；相关补贴资金可真正根据"绩效"发放到广大沼气从业者手中，起到正向激励作用，避免出现"骗补""骗保"等不良现象；沼气从业者也通过区块链可了解到本地区类似项目的运行情况，从而得到借鉴与启发。

6.5.3　能源及碳汇交易

沼气是一种重要的清洁能源，由此衍生的沼气供热、沼气发电等均可实现计量并进行交易。同时，农村沼气的推广有助于改善农村能源结构，部分替代煤炭、石油和天然气等化石能源，可减少 CO_2 排放量，并以碳减排份额在碳汇市场进行交易、获取收益。碳汇交易泛指与降低碳排放相关的经济活动，四川省农村沼气碳汇项目走在国内前列，2017 年再次实现沼气碳减排在国际碳汇市场上的成功交易，33 万农户获得收益 100 多万欧元。借助于区块链技术的分布式存储，清洁能源及碳汇交易各方均可将有关信息在整个链上共享使用，该信息是对各方透明且不可篡改的，能够有效保证买卖双方的利益，并辅助其快速做出决策；同时，由于区块链技术具有智能合约的功能，交易各方在链上即可达成共识和完成交易，相对传统交易方式大大降低了经济和时间成本。当然，在实际操作中交易的达成可能还需要数字化货币、央行政策等方面支持，但是随着区块链技术的不断完善及与农村沼气产业的深度融合，清洁能源及碳汇交易将更加透明与扁平化，买卖双方都将从中获得便利。

区块链技术自问世以来的十余年里，从单纯的虚拟货币领域迅速扩展到"工农商学"等社会生活的方方面面，深刻改变了众多业态现状，更需要我们结合产业现状去主动适应、换位思考。长期以来，我国农村沼气就具有"小""散""杂"的特征，不仅规模小，而且分布广、模式多，节能减排效应不明显，管理和提升难度大，难以适应社会主义新农村可持续发展的要求。而以去中心化为核心特征的区块链技术契合我国农村沼气现阶段发展特点，具有切实可行性，不仅可有效提高项目运行和管理水平，而且可大大优化项目管理和资金运用，密切产学研互动关系，通过可计量的碳减排和碳汇交易获取丰厚收益。

区块链技术在农村沼气产业中的成功应用，加强"智慧化""可考核"的分布式可再生能源建设，对破解农村地区和农业生产中"环境恶化"和"能源短缺"难题，促进农村环境保护和绿色能源领域的发展将大有裨益。在相关软硬件技术的支持下，若能成功借鉴其他领域的发展经验，区块链技术一定可以为农村沼气事业的发展贡献特有力量。

参考文献

[1] 王义超, 王新. 建国前后中国推广利用沼气技术的不同特点 [J]. 农业科技管理, 2011, 30 (2): 32-36.

[2] 李伟, 吴树彪, BAH H, 等. 沼气工程高效稳定运行技术现状及展望 [J]. 农业机械学报, 2015, 46 (7): 187-202.

[3] 王飞, 蔡亚庆, 仇焕广. 中国沼气发展的现状、驱动及制约因素分析 [J]. 农业工程学报, 2012 (1): 184-189.

[4] 闵超, 安达, 王月, 等. 我国农村固体废弃物资源化研究进展 [J]. 农业资源与环境学报, 2020, 37 (2): 151-160.

[5] 王珏. 村域经济之农村户用沼气调研报告 [J]. 农业工程技术 (新能源产业), 2011 (4): 4-6.

[6] 邱灶杨, 张超, 陈海平, 等. 现阶段我国生物天然气产业发展现状及建议 [J]. 中国沼气, 2019, 37 (6): 50-54.

[7] 袁勇, 王飞跃. 区块链技术发展现状与展望 [J]. 自动化学报, 2016, 42 (4): 481-494.

[8] 董宁, 朱轩彤. 区块链技术演进及产业应用展望 [J]. 信息安全研究, 2017, 3 (3): 200-210.

[9] 邓良伟, 陈子爱. 欧洲沼气工程发展现状 [J]. 中国沼气, 2007 (5): 23-31.

[10] 陈子爱, 邓良伟, 王超, 等. 欧洲沼气工程补贴政策概览 [J]. 中国沼气, 2013 (6): 29-34.

[11] 乔玮, 李冰峰, 董仁杰, 等. 德国沼气工程发展和能源政策分析 [J]. 中国沼气, 2016, 34 (3): 74-80.

[12] 吴进, 雷云辉, 程静思, 等. 我国农村沼气事业的发展模式探索 [J]. 西南石油大学学报 (社会科学版), 2017 (6): 15-22.

[13] 吴庚金. 农村沼气后续服务管理现状与对策 [J]. 农业与技术, 2017, 37 (19): 180-181.

[14] 何蒲, 于戈, 张岩峰, 等. 区块链技术与应用前瞻综述 [J]. 计算机科学, 2017, 44 (4): 1-7, 15.

[15] 邵奇峰，金澈清，张召，等 . 区块链技术：架构及进展 [J]. 计算机学报，2018，41（5）：969-988.

[16] 孙忠富，李永利，郑飞翔，等 . 区块链在智慧农业中的应用展望 [J]. 大数据，2019，5（2）：116-124.

[17] 张宁，王毅，康重庆，等 . 能源互联网中的区块链技术：研究框架与典型应用初探 [J]. 中国电机工程学报，2016，36（15）：4011-4022.

[18] 王海巍，周霖 . 区块链技术视角下的保险运营模式研究 [J]. 保险研究，2017（11）：92-102.

[19] MELANIE SWAN M. Blockchain：blueprint for a new economy[M]. USA：O' Reilly，2015.

[20] 李彬，曹望璋，张洁，等 . 基于异构区块链的多能系统交易体系及关键技术 [J]. 电力系统自动化，2018，42（4）：183-193.

[21] 王毛路，陆静怡 . 区块链技术及其在政府治理中的应用研究 [J]. 电子政务，2018（2）：1-14.

[22] 王娟娟，刘萍 . 区块链技术在"一带一路"区域物流领域的应用 [J]. 中国流通经济，2018（2）：57-65.

[23] 杨洋，贾宗维 . 区块链技术在农业物联网领域的应用与挑战 [J]. 农业网络信息，2017，258（12）：24-26.

[24] 中华人民共和国工业和信息化部 . 2018 年中国区块链产业发展白皮书 [R]. 北京：中华人民共和国工业和信息化部，2018.

[25] 彭程 . 基于物联网技术的智慧农业发展策略研究 [J]. 西安邮电学院学报，2012，17（2）：94-98.

[26] 陈正涛，郑争兵 . 基于物联网的农村沼气监测预警系统设计 [J]. 湖北农业科学，2014（10）：2424-2426.

[27] 李景明，李冰峰，徐文勇 . 中国沼气产业发展的政策影响分析 [J]. 中国沼气，2018，36（5）：6-13.

[28] 吴进，闵师界，朱立志，等 . 养殖场沼气工程商业化集中供气补贴分析 [J]. 农业工程学报，2015，31（24）：269-273.

[29]　段欢耘 . 基于碳金融的农村病旧沼气池修复模式及方法学机理研究 [D]. 昆明：云南师范大学，2015.

[30]　杨德昌，赵肖余，徐梓潇，等 . 区块链在能源互联网中应用现状分析和前景展望 [J]. 中国电机工程学报，2017（13）：4–11.